ULTRA HARD SUDOKU VARIETY

vol. 1

(300 Puzzles)

Contents

Sudoku is the addictive logic game that was developed in Japan in the 1980s and 90s, and then became a worldwide phenomenon after being introduced to the English-speaking world by the London Times in 2004. It is found in newspapers, on websites, in pocket-sized books and in handheld PDAs.

On the following pages, you'll find **300 Sudoku puzzles** to solve. They've been broken into puzzle difficulty, size and type.

Difficulty levels vary, depending on a number of factors, such as the quantity of given numbers and the complexity of logic required to perform process of elimination.

At the end of the book, you'll find the answer to each puzzle, but don't peek too soon!

P.S. If you enjoy this book, **please** spare a few minutes to leave us a review in this book's Amazon product page.

Sincerely,

Doku-Sensei

(Link to Amazon Product Page)

bit.ly/dokusensei2

BEGINNERS GUIDE

If you're new to the world of Sudoku, you're in for a real treat.

While there are all kinds of variations, the traditional Sudoku puzzle is based on a simple 9 x 9 grid made up of "Regions" and "Cells."

Solving a Sudoku puzzle is as simple as placing the numbers 1-9 into the empty cells, so that they appear only ONE time in each column and row. At the same time, those numbers can only appear ONCE in each region.

CELLS

REGION

5	3	1	9	4	6	2	8	7
9	8	7						
6	2	4	8					
2		5			3			
8		3	1				7	
4	1	6			9	5		
7				3			1	9
3	6							4
1				2				3

Jigsaw sudoku puzzles make a nice twist on the traditional format. Just as in a regular sudoku, the rows and columns must still contain one and only one of the digits. However, as you can see, instead of the usual regularly shaped subareas, known as nonets, the boxes are irregularly shaped. Just as in a standard sudoku, you may only put one of each of the digits in these subareas.

These puzzles can get your mind working in some interesting new ways.

Hard#1

	1	4		8	9	7		
3				5	4			
8								
				9	3	2	7	
							9	4
7	3						5	1
5					8	6		
4		2		3	1			
	8	3	6				2	

Hard#2

8			1			9		
			9				6	
9	4	7						8
	5		8	4	2			
6							4	3
			3			8		
	6		2			4		7
	7		4		9		1	
		3	6	8				

Hard#3

5	6					8		
4				1	8	7		5
		1		4				9
	7			5	3		4	
9					7			1
				6		9		
		2		7	5			8
	9	5						3
8						5		

Hard#4

2	6	7		5				
			4		2			
							8	1
	5				6		1	
	8	2	1			6		
		1	9			8		
		4	7	1	9			8
			2			4		
	7	8			4			

9x9

Hard#5

	7		3	6				
	6		1				7	
						1	4	6
4	9	3						
1								
6			5			8	9	
9			6				1	
			9		1	4	3	
3		5	4		2	9		

Hard#6

			2			3		
9			8	6		7		4
2	4			1			6	
		4						6
3	7			9				
		8				5		
	3				2			
5		7	4					2
					3		1	5

Hard#7

4		5		8		9	1	
	9			2	5			
				1		2	5	3
							4	
			6		2			9
		8				3		
	6	2					8	
						1		
7		1	8	5	3			

Hard#8

4		5						
			6	1	7		4	
	1	3					9	
1					9		8	
6			7					
9	2					5		
	8				4		1	
	7		2					
5						9	2	8

9x9

Hard#9

			7		3		9	6
	2			1			4	
6		5		4				
		1	6	7			5	
	6				2			
	9			3	5	6		
	3					1	2	
1	5							3
2		8					7	

Hard#10

1		3						
			6	8			9	
6						1		
7								
2			7	5			6	4
			9					
	1	6		7		9		
				4		7		
4	7	2			8	5	1	

Hard#11

					4		9	
		3	1			4		
5					9	7		
	9		7				1	
2		4	9				7	
							3	
1				3				5
8	5			9				
4	3	2	8		7		6	9

Hard#12

	7	6					3	
			1					8
5				4				2
					9			6
			8	7	1	2	5	
		5	4	2	6	9		
		2	5	3			7	
	5							
	1			6		8		

9x9

Hard#13

		7	3	5				
1			2					
9			7					5
8		9	6					
7				3	5			9
2							1	8
6					4		7	
		4		6			9	
	1		9		3		2	

Hard#14

3	7	1						5
	5		6		4	7		
2								
					1			9
			7			2	3	
		3						7
	3	4	2		6			
8	9	2		1				
	1	7			3		5	

Hard#15

	2							7
6			1				5	
	3			9			2	1
			8					
		2	3	6		4	9	
				1	9			
8			2			6	4	
	9	3			1	2		
		7			4	1		

Hard#16

		4	5		7			8
6	9	7	2		8			
8								
				4	5			1
9	1		7					
	8	6					2	
7						6		
1	2				3			4
	6		4				8	7

9x9

Hard#17

	4		2		3			5
8				1	5			
		7						
		2	4					
	8				2		9	
	9	4	5	6			7	
	3				6			9
	7			4				1
	2				7		4	

Hard#18

							1	2
5	3	9		2			7	
					6	8		3
7	1				9	2		
	8							
2		6	7					
1		8						
					8			
	4	5	1	6		9	8	

Hard#19

		9	7	6		8		
				8			1	2
	2				5			
	3					9	7	
	7	4	3	9				5
				1				8
		2	9			6	5	
3	1		5				9	

Hard#20

8					7			
		9					7	
5			3	9			4	
4	8				2	7	1	
7							6	3
1	9							
		7			5	8		
				4		6	2	
	5				6		3	

9x9

Hard#21

2				1		9		3
	8			4			2	
9								4
8	6		4				5	
		3	1					
	9		7		6	1		
			9		3	6	8	5
	5							
6								7

Hard#22

9			6			7		2
				9				
		4	2			8		9
					2		1	
	3			6				8
	6	5						
7				3	6			
5	1			7				
4		3			8	5	7	6

Hard#23

			5				8	
					3			
4			1		9	5		
1							3	2
5			2					
	7				6			
			3			8		
				2				9
8	2			7		1	6	5

Hard#24

						9		2
	8						3	
2	6			3	4		5	
4								
6	5			8				
			3	2	6			5
5	2		1	9			6	
7	1	3					8	
	4					3		

9x9

Hard#25

				7	6			4
				2				
	5		8			9		
	9	1					5	8
	8	4	2			7	3	9
5				4				
	1					5		
			6	8		1		
					3	8		6

Hard#26

4	8		1		2	9		
		6	5				3	
						2		
		9			1	5		
	6		2	9		7		
	1			8	6			4
9	3	1		5		4	7	
6	4					8	1	

Hard#27

		8	5	7	9		1	
							5	
			1				3	
6		7		9		8		5
					6			2
4								
9	7			5	1			3
	4		9			6		
	2	3		6	7			

Hard#28

	8		6		1		9	
		5	8			1		3
	1	3		9		8		
						5	4	6
		8	9					
5	2							8
	5		7					4
2		6	1	5	4			
					6			

9x9

Hard#29

		6	9	5				8
9		8	4		2			7
					4	6	2	
							3	
6				1		9		
4	8	7			3		6	
	1			7	6			
	6		8		9			2

Hard#30

7					9			5
				8				7
9				6				
				9	1	5		
4		9		5			3	
	3			4	7	6	8	
8				7	5		1	
				1		2		
		1	8			9		

Hard#31

	1				6			8
7							2	5
6		8		3			4	
8		5			2			
1		4						
				5		3	9	
		6		4	3	2	1	
	7						6	3
		2			7			

Hard#32

4	8			6				9
	6					5		
		5		4				
			4			2	9	
6			8	5				
	7				2	6	5	1
		8		1	4			3
					8		6	5
	4		9	2		1		

9x9

Hard#33

		3	7	4			9	6
								1
	5			8	9		3	
				7			8	9
8	6				3			5
	4		6	5		3		
		8		6		9	2	
		4	2					
7				9				

Hard#34

	9	5		1		4	8	7
						3		
6	4					1		
5					1	6		
3			2	9				
	6	4		8				
			8		9			
		8						4
	3	6		4	7		1	

Hard#35

	3	5	8		2			7
1	7						3	
4				3				
7			9			5	4	3
	4					9		
8				4	6			
6			5	8			2	
5								4
3		7	4			8		

Hard#36

6	7		5				2	
						4	6	
				1	2		9	
	9	5	4		1			3
		8			6	2		
					7			
	4		3			1		
				4				6
	6	9					4	

9x9

Hard#37

		9			6			5
	6			8				
1			9		4			
9				1			6	
	1	4	3					
			7				3	
					1	8		3
7		6		5		1		
4	8		2	7				

Hard#38

						4		9
	7	4	6		8		1	
			5					
	4	8	1		9		3	6
	5				6			2
	3			8				
	6	7		3		2		
4			7			9		
	9		8	5		6		

Hard#39

9								5
8	7	5		6	2			
	1					3		8
		8				6		
7					1	9		4
	2	4		5				
	3	7			8	5	4	
		1						6
5			7				8	

Hard#40

					7	3		
9	4					1		
	1	6					5	
			4			6		
1	3			2				
2		4	7				1	
					2			6
	8	2		4	3	7		
4	7		6			8		

9x9

Hard#41

	2			6				
		3		9	5	2	6	7
		9						8
			1	2			3	
		8						
		4		7				2
4			5	3		9		6
		6				3		
	9		2				7	

Hard#42

			3		9	2		8
							7	
				1	8			9
4	1					3		5
8	3			6	5		4	
	6	5			3			
3							9	
1				7	6			2
5								

Hard#43

9			1			6		3
8	1	7			3			
		4			9			
	8	3			6			7
5								
4	9	6		7				
			8			1	5	
					1		9	8
	6		2					

Hard#44

5	1					2		
6					5			
		7		1			4	
				8	3	4		7
	2						8	3
							5	6
			4		6			1
1	3	6		7				
4			1				3	

9x9

Hard#45

	8		5					
		2	7			8		
		4	8		1		9	
4		7				6	5	
9			2				1	7
2		5						4
			3	8	2			
				5				
				6	9	2		5

Hard#46

				9	4			
9				7	6	1		3
	1	2		8				
8			4					
1		5			9			8
	6	4			8		1	
			7					
3	7					4	6	1
	8		9					

Hard#47

	3							1
1			8	5				
2								
8	2		4					
	1	5					2	7
	9			3	1	8		5
					6		5	9
9		1						
		8	9					3

Hard#48

		4	7	2				
7			3	9				
	2	5				3	4	
		8					7	
		6		8			9	
	1	7	5					2
				6	2			4
4						6		
						5	8	

9x9

Hard#49

	9	8	2			5		
					8		6	
3		5				2	1	
				5		8	7	3
		1	6					
8	3		9		7			
							8	6
		6		4				2
2	4							

Hard#50

						5		3
	2					1		
		3	2		4			
3								
6	1		4	9				
2	4	9			1		7	
	5			4				
4			6	1	2			8
8								2

Hard#51

	1	4		8	7	5		
			6			1	7	
	5				2	4		
			8	6				2
							5	
	3	8		2		6		
6		2	4					
					3			
4	8			7				

Hard#52

2				8			3	
	6	7	4	9				
			6					
5						8		
1		3				6	5	
			8	3		4		7
4								
		1			8		6	4
		6	3	4	7	1		

9x9

Hard#53

5			3					
	3				6		2	1
4		1	8	2		7	5	
						1		
	8		4					
7	1	4		6		2	3	
	7	9	1		5	3		2
		5	7		4			
							1	

Hard#54

	1				4			6
	5	7	6	3		8		
							3	
								2
	2	8	4	9	3			
	4		5		1			
		9						3
2	8				6	5		
3				7				4

Hard#55

	6		1		5		2	7
				6				4
					4	1		
				9	1			5
						9	7	8
		7		4				3
3	7					8		
	9		5		8	7		
	2		3				9	

Hard#56

	4				2			
8			4					5
	5		6	8			9	
								6
4	7				6	1		
2		6	5		3	4		9
9			3			5		
3	2			4				
			1		9	8		

Hard#57

1	9				2			
	2			3		1		5
9							6	2
3			1			4		
4	6			9	7			3
2		4		8		3	7	
					4	5		
7	1	9						

Hard#58

8			5	9				
	5	4		1			7	2
		2	1			7		
7	1	9		6			3	
6						5		
			9	7				6
				3	2		5	
4		7				1		

Hard#59

2		7						8
				3				
8			1			4	5	
7	8	4						
					5		9	4
								1
9			2	5	3			7
			8		9		3	
3	4	8					2	5

Hard#60

	8					2		
6	1	9	7					
		4			9		6	2
3	2	1	8			4		7
9				4	2			8
								9
1		6					5	
		8	9		3			1

9x9

Hard#61

			1			2	8	
3					2		6	
8	5	2		7				1
4							9	5
7		8	5	6				
				4			1	
			4			8		
					3	1		
	9					4	3	

Hard#62

		7	2	9		5		
6					8			1
4	9				1			
		6			7	3		
9	4		6		2	7		5
				4				
		8	5			9		
3	1	4	8					2

Hard#63

1			8			6		
3				5				9
	4			2		1	3	8
		3	9			4	5	1
					4		7	
2	1		5	6			9	3
9								
4					3			2
	2							

Hard#64

5								
	8			4	6		3	
				2		6	8	4
8					2		1	5
9	5					8		
	1				5	9		
	7	4		6	8	1		
1						3		
				1		2		

9x9

Hard#65

	1	6	2		8	5	9	
		5			7	1	4	3
		3	1		2			8
	7	1					6	
	8	2		9		3		1
		7					3	6
4								
			7		4		2	

Hard#66

2	3				6		9	
		8		4		2	6	
		9	5	2		8		
4			9					
			7					6
		5						3
		4	8					
	1				2			
3				1				8

Hard#67

7			8		2	1	6	
				1				
						8		2
				6		4		
	7	9	5					
6		8	4			7		5
	5		7		6			8
		7			3			
				2	5	6		7

Hard#68

7	6		5				2	
8	5		4					9
	9		2		7			
		6	7					1
				1				
		7	3		9	2		6
	3			7			8	
		9			5		6	
			9				3	2

Hard#69

	8		2	7		3		
						9		7
		7						5
	4				2			6
1								
			9		3	7	2	
	5		7		1			
8		6	4	5				
			3			6		

Hard#70

9		6		7				
	5	8		6	9	4		3
	3						7	
					2		1	
1		4	6			2		9
		7		1				
						6		5
4				5				
					6	1	3	

Hard#71

9		3	8		5		1	2
				7				8
4	7						5	
	3				9		7	
		9				8	6	
					8	2		
	4				6			9
		5	9					
		2		8		1		4

Hard#72

1				8				
6		2					8	4
		3	7					
			4	9				
		9				1		
3			2	7	6	9		
		5	9			2		
	1		3		7			
8			1		2		3	

9x9

Hard#73

1								6
	2	3		1	4	9	5	
8		7		4	1		3	5
3					7	1	2	4
					3			
9		1		6		5	4	3
		2					9	
			4					

Hard#74

8		2				6	4	5
	1					2	9	
				2				3
5			8				2	
3		7	6	1		4		
			5					1
1					6			
				7		1		
4						9		7

Hard#75

				3	5			6
1	5							
		8	9				1	4
				1				
4		1		8		3	6	
3		7			6		8	1
			7				9	
				9			4	2
		4			1	7		

Hard#76

		4		1				9
					3	7	2	4
			2	9			5	1
	2	5				8		
					6			
1			9				6	7
3		2		6				
				8	2		4	6
	6						3	5

9x9

Hard#77

				4		6	7	
5	3	6				8	1	
		1				5		
			2		1			
			5		9		3	8
				7		1		
		3						
	6		3		8	7		
8	9				7			6

Hard#78

	1	8					9	
		3		5	7		1	2
			6					
						5		
		7			6	2		9
3	8			1				4
8				2				
	6					8		5
9	3	5				1		

Hard#79

4				9				
							7	2
6	7							
			5	1		4	8	
		7	4			3	1	9
		4	9					
7	6		3				4	5
3			1					
	1	5			8		6	3

Hard#80

			5	4		8		
			6	9				3
8				7	1			
2						3		7
		4	1				6	8
6			8			9	1	
	6							
	8	1					4	5
	7				9			

9x9

Super-Hard#1

		7	8		3			
	8				1			2
					2	4	3	
			1	6				
6			3				8	
	2				8		5	
		2				3		
			9					1
	9	5					7	

Super-Hard#2

6						7		
		2	9					
		8				3	4	
					9	4		1
2			1	3				
5			7					9
		5				6		4
		7				1	5	
	6			4				3

Super-Hard#3

1	2		8					
						6		
3	7	5			4	2		
				5	8	9	6	
	5	1						
2			1				7	8
							9	
	3				7			
5		4				3		

Super-Hard#4

	5	9	3					
		2					3	8
					8		7	
6				4		7	1	
		1			2			
9		5	2					3
		8	9			6		
7	2				4	1		

9x9

Super-Hard#5

	3				8			
		9	5	1				
		5						8
			8	6		1		
		8	7				4	
	2	4			3			
		6				7	5	4
	8		1				6	
				4	9			

Super-Hard#6

		1			9			7
5				6				
			4		7		8	
8	4			5			3	1
3			9					
7				8			9	
1					4			8
	2				8		4	

Super-Hard#7

			6		9	4		
				2			3	
			7				5	
	9			8				
						2		
			9	1	6			7
4					1		7	3
7	6		4					1
		2			3	9		

Super-Hard#8

			5					
	6	5	7			8		4
			8	6			9	
7						1		5
		8	2	4				
1								
9	7	3					1	
						9	5	
	4				7			

9x9

Super-Hard#9

				2	9			4
9								
	5		4				3	
8						7		
	3		9					1
7		6		3	8		2	
2	1							
				6				8
5		4		8				

Super-Hard#10

			7		1			8
				4				3
				5	6	2		
	6	1			8	7		
5				1				
		2			7	8	1	
2		3				1		
						9		
7		8			9	5		2

Super-Hard#11

	6		2				1	
				5		2		
1						3		
				1			5	9
	2		9			7	3	
6							4	
		4		3				5
3			6	9				
			4		8			

Super-Hard#12

					6			
		8	5			3		6
3	5			1				
	6							7
2		7		9				1
			6		3	9		
			9					
	2	9	7				4	
7			4		8			

9x9

Super-Hard#13

								8
9	6					2		3
	5						7	
				4			9	
8								1
	2			7	8			
3		4	1			6		
	7				2			
		6	3				8	

Super-Hard#14

5			3					
			8			3		
6		1		4			9	
					6			9
	9		2	1				
		3					8	
				9		7		
1				8		6	4	
8		5		7				

Super-Hard#15

	3				7	4		2
6		9	2					5
					9		3	
	6				8		5	
3	2			1				
			4					
			8					6
	8		1		3			
		3			6		8	

Super-Hard#16

		6						
	4	2	9	5				
				1		9		3
			5	7			4	
				3				5
4							7	
5			8	2				1
2		3		4				7
	7	8				5		

Super-Hard#17

						2		
					8		9	
		2	3	9	1	4		8
7	9			5	6			4
5		4						
			8			9		
			7		4	6		2
1				8				
	6						3	

Super-Hard#18

4	5							
				7				
	9		8		1			
		1			5		7	6
			6				8	
	3			9	8			
	1	9				4		
				5				8
7			4			6	5	

Super-Hard#19

				6		7	2	
		2					6	8
			8		3			9
	3		2		5			
			9	3				
					8			
	4						8	
	2	9	1				5	6
1		3			9		4	

Super-Hard#20

8		9	7		3			
							2	
						7	8	
	9	5		1				
1						5		
	3		9		2		6	7
					7		9	
	4	3						
			1	6	8			

9x9

Super-Hard#21

					1	5	8	
2			6					
		5						
8		6						4
	1		4	9			2	3
				7				6
	5			2			3	9
4		8						
				4			6	

Super-Hard#22

		1	9		6		4	
	4				7			
2							8	
				7	9		1	
	9		5				2	6
8						5	9	
				5			6	
		5			3			1
4			1		2			3

Super-Hard#23

7	1							
9		8				6		
	5	3				2	9	
			4	7			3	
	2					1		6
					8			
			8	5		4		
			6	9				
3	9				2	7		

Super-Hard#24

9					3	4		
				7		8		3
6								9
		2		3	5		1	
		1			2			
8				1				
7	4							
			5			7		
	6		9				4	5

9x9

Super-Hard#25

								3
1	6				9	5		
	4					8	5	
6			5	4			9	7
	8	1						
	2		3			9		
8						4		
	5		8		7	3		

Super-Hard#26

			2	5			3	8
7								2
	1							6
3	2	1	7					
9	8					2	7	
	6				8			4
1					2			
			5		1	8		
		6		7		4		

Super-Hard#27

			3	9			8	
	4		6			5		
						4	3	
		9		4				
			7		2			
4		2	5	1	9			
1		3				7	4	
7			2					
2						1	6	

Super-Hard#28

3								8
	6					5		
1	8	2				6		
	3		8	9				
	1			5				
			7			2	4	5
			6					
9	4							6
		1	4			3	2	

9x9

Super-Hard#29

							4	7
		8						
	4	2			6		9	
			3	7				
		6				7		1
2	7	4				3		
9				1	8			
					3			
1	6				9	5		4

Super-Hard#30

		6	2		7	8		
7		5	1	9			3	
		9						
			6					5
	3	1		7	8			
3	2		5					
		7					1	4
					6			

Super-Hard#31

	6			2				
3						4	6	1
				3		9		
2							4	
6	9							
		3	5	7				8
1		7		5	9			2
			8					
				4			3	

Super-Hard#32

	1			3	4		8	
	8		9					
7				5			6	4
2				9		6		
5				7			4	
1	4					2		
			2		7	8	1	
					3		5	

9x9

Super-Hard#33

					8			6
2						1		
5				1	7			3
		7	4	8				1
	5	8			3			
			6	4				
	2	3					1	
	7			5		4		

Super-Hard#34

6					2			
5						3		8
7			4		3			2
	2					7		
		6			9	4		
				1	6	2		
				6			7	
								5
1	4						9	

Super-Hard#35

	7	1						
4			8					
		5			6	4		
		6	9		5			
			4			3	7	
		2						6
3				1				8
					7	1		3
			5		4		9	

Super-Hard#36

4							6	
	7		5					1
	2			3	4	8		
			2		8	1		
				1	6	9		
							4	
	4			5				
7							3	2
8		3			2	6		

9x9

Super-Hard#37

	4	1			6	9		5
3								1
			7		9	3		
		4		2			7	3
		5						
	2		8					
						5		
					1		2	9
			9		4			7

Super-Hard#38

		4						1
		2				6	7	
			4		2			8
9	3		8				4	
		6	3			7		5
				1	4			
5				6	1			
								9
	9						8	

Super-Hard#39

							5	
1	4							7
	2				6	1		
		3		7	4			
7				5				
							6	2
	7			8				5
			5	9				
	3	9	2			4		

Super-Hard#40

	1		9		5			
2		7	4				6	
8				6	1		2	
			5			8		1
		1			6	9		
		4						7
			3	4				
5						2		3
					2			

9x9

Super-Hard#41

7					9			
		5	2				8	6
8							5	
						2		
	6		1			4		
				7	2	5	1	
			9					
4					8			9
3					7			2

Super-Hard#42

2				5	1		4	
9		5	8					1
	4					7		
				6				
		9		7		8		5
	6			8		2		7
1								3
6	5	8	3			4		2
				2				

Super-Hard#43

7				4			8	
4	5	3	7			9		
	8				4	2		
9		6				5	7	
					5			
	6			5			3	
1		5		8		7		
		2		6				4

Super-Hard#44

	1		2		8			
	8			7				4
2		6						
	4						9	5
1								
	9	3		4	6			
		1		6			4	
4		5	1			9	2	
				3		8		

9x9

Super-Hard#45

	4				3		9	2
	5	6	4					
	6	3		5		1		
8							7	
				3	8			6
		7						9
				7			8	
4		8	2	6		5		

Super-Hard#46

3		9						
8		7					2	
			3			4		7
1								
		8			2			
		5	8	7				9
			6			2	7	5
				3			4	
4					5	6		1

Super-Hard#47

						4		
	8		4					3
	1			3		8	9	
					8		1	
1		9						
		4			7	9		
7	6		9					
5	4		2	8		1		
		8	3					

Super-Hard#48

		8		6				
7		6		5	3			
	5		7	1				
	4					9		3
1			6	8		5	4	
3				7			8	
	8					1	5	
		9					3	

9x9

Super-Hard#49

	4	5	1					7
						6	1	
3				8				9
9		1					2	4
			2				7	1
				3		9		6
8	3	6	5		7			
	5							
		2						

Super-Hard#50

								3
	6		8	7	1			
7					9			
			3	6			8	
		1			8		5	
		4	5			6	7	
		2						5
9							4	
	7							

Super-Hard#51

8		9				2		
					7			8
6			2		1	5		
								9
	1	5		3				
			4			3	7	
		8			6			
			7	4	3			
9						6		

Super-Hard#52

4						5		7
				6			4	8
	8		7					9
					8			
		9		7				5
5					3			1
7			6	5		1		
			9			2		
6	9					7		

9x9

Super-Hard#53

		5				7		
	3				7		5	
	4	9		5	3		6	
							7	
					4			5
9				1				8
3		1		4		9		
		2	3	8		6		
					6			

Super-Hard#54

8								
3	2			7		9		
4				5		8	7	
	9	1						
					6	5		
6			8	1				
		6	9			7	8	
			7					9
			2				6	

Super-Hard#55

5		2	8		7			
		7				1	6	
				4				
				8		6		4
			2					
8				6		7	9	1
	9	8					1	3
	3							2
					5			

Super-Hard#56

		5			7	4		
3			4			9		7
		9		5		6	8	
							4	
4	5			3		1	9	
					8			
				9	6		3	
9	8					7		
	1							

9x9

Super-Hard#57

		2			4	9		
		8				3	6	
	1	9		3				4
		3						8
	6				1	2	9	
			2	4				
			7				8	
						5		1
3		5					7	

Super-Hard#58

4			9		1		7	
				2	5			
		2						1
		4						3
		8					5	
5				4			6	
				5	3		2	
	3		1		4	7		
	7				8	5		

Super-Hard#59

		5		9				
2							6	
	9		4	7	8			
5		8				2		
9	2		3		7			
3				2		4	8	
				4		9	2	
						1	7	
	6		9					

Super-Hard#60

				4				3
			2	5		1	6	
9							2	
7			9					6
		4			2	9		
3		1		6				
	7				8			
	5	3				7		
2			5		4	6		

9x9

Super-Hard#61

				1			5	
		9			6			
		6	8	3		2		
						8		4
7			1			9		
1	8				4			2
2							6	
6						3		
		3		4	8			

Super-Hard#62

		7		9		2		
	5		4		1			3
	9							8
					8			2
				7				1
	8					7	9	
			9	2				4
1		6	8					
		3					5	

Super-Hard#63

				6			1	
			8				9	
		9			7	6		4
	8		6		4			
1	7			5				
9	6				8			
	5		4	3				6
7							4	5
		2						

Super-Hard#64

			1				6	
6		7					8	
			3					7
4		1			7			2
		5	9	8				
7		6						
	2				3	6	4	
						1		
			6				5	

9x9

Super-Hard#65

							4	6
		5		3			2	
			6			9		
	5		9	1				
7								
1				2		5	7	9
	4	1			5			8
	6						3	
		2		9				7

Super-Hard#66

	7		2					5
					1	2		
		1					7	
9			7		5	4	8	
	5		4	9				6
		4		3				
5			1	6				
	9			5				2
			9			6		

Super-Hard#67

	5		7			3		
				6	1	2	7	
6				8				
					4	6		3
	3				8			
		7				9	4	
		4				7		6
		2				8		
5		9					3	

Super-Hard#68

					5			4
				3	9			
9	2							
			7					
					8	9		
	4	7				3	5	
		1						
	7		9		1	5	2	
5	6	4		7			1	

9x9

Super-Hard#69

			1			4	7	6
			7		2		5	
				9	5			
7						5		3
1	2		3					
	9						8	
		9	2	4				
3	1					8		
	6					9	3	

Super-Hard#70

		2			3		8	
5		6		9	2			
	4		6				5	
		3				9	2	
	6							
			3	5		8		
6					8		9	4
			2			5		
9	7			6				

Super-Hard#71

4					5	3		8
3								7
	8		3				2	6
2	9		1			6		
					2			
				3		7		
	4	7		5	1			9
6			8	9				
				7				

Super-Hard#72

2								
	8		2					
		6	4			8	5	
6	3			9				
1	2					4		7
					2			1
4		5	9					
					3			
		9			5		1	

9x9

Super-Hard#73

5	4			8			6	
3	1	9		5				
		8	9			5	2	
8							3	
						6		
6	3			1				8
							1	
	5				7	3		2
1			3				7	

Super-Hard#74

			4		7		5	6
	4	1		8		7		
					6			
	8			7			6	
	6						2	9
	9	7	8			3		
8		3			1			2
1					5			

Super-Hard#75

			8	2				5
8		9		4				
			9					
	5	2	3	8				
	1				9		2	
						1		3
		1				5	6	
		8				2		4
6			4		8		7	

Super-Hard#76

			9	4				
2							4	
		1			5		6	3
				2				1
	3	6						
		5	6		3			
					2		8	
8		9	1					6
			4				1	9

9x9

Super-Hard#77

4				3				
6	8	9				3		
				2		5		8
							8	9
	4			9				
						7	6	
					5	8		2
9	2				6			
8	3	1		4		9		

Super-Hard#78

		2				6	7	4
7	8					2	3	
	3	4						
	2		1					
				2		3		1
	7			3				
	9				4		1	
6		8		5				9
3							8	

Super-Hard#79

			4			5		
	6			7	9		2	
				6			1	9
			8					5
5					7			2
2					6	4	7	
				4				
6					1			
	4				5	8		3

Super-Hard#80

2								3
		7						
					9	6		
	9		3					2
		1		4	7			
						3		
6				7			2	4
				8	1			
	1	5		2	6	7		

9x9

Jigsaw Easy#1

5		9	3	2	7		8	1
8	9	6		5	2	7	3	4
1				9	4		2	3
3		4		1	5	9	6	
2				6			9	
9			6	7	8		4	5
	1	5	9	3	6		7	8
7	8		2				5	6
6	2				3			9

Jigsaw Easy#2

3	1				7	8		4
				4	8			3
		7	9	8			3	6
			1	5	3	7	4	2
8	5		3	2			9	7
	3	1	2	7	9	4		
4	2	6		3	5		7	1
7	8	2	4			3		5
5			6	1	4	2	8	9

Jigsaw Easy#3

	8		1	7			9	6
			4	2	7	8	1	5
			9	5	3	6		1
3		6	5	8		4		
5	1	4		9	2	7	3	
6		8	7	1				
	4	9			6	2		7
7		1		4	8	9	6	3
2	7	5	3		4	1		9

Jigsaw Easy#4

9	3	4	1		6	7	2	8
		5				3	4	9
	7	2	9	3				6
6		1		7	9		3	4
	9	3	6	2			1	
		7	3	1		9	6	2
1			4	9	3		5	7
3			2		8	5	7	1
7	1	6		4			9	3

Jigsaw Easy#5

		5	6	7	2	4	8	
7	9		4	6			1	
4	2		3	8	9	7	5	
1	6			5		9		4
2	5	7	9	4	8	1		3
5			1	9	6		7	
6		9	7		3	5	4	
9			2		4	8		5
	4		5	3	1			

Jigsaw Easy#6

		9	1	3	4			6
1	2	6	5	4	8	3		
	9	5	3	6		7		8
6	4	7		5		1	2	9
3	7	1	2			5	6	
	6		7	1	2	9	3	
9		8			5			2
	5	3	9	2	6	8		
	1		4	9				3

Jigsaw Easy#7

			9		2		6	8
3	1	2	5	7	6	9		4
1			4	6	9		5	2
9				3				7
8		1	6		3		4	
	9	5	2	4	7		3	1
4	3		7	8	1	6	2	5
		4	1		8	5		
2	5	8			4	1	7	

Jigsaw Easy#8

8				5	7	2	9	
	6	2				9	7	3
		6		4	2	3	5	
2	4			6	3			
9	8	5		7		4	2	6
	9		8	1			3	2
7	1		2			8	4	5
	5	8	4			1	6	7
6	2	4	5	3	8	7	1	

9x9

Jigsaw Easy#9

	1	3	7	2	6	8	4	9
7	5	4	9					
3	6	2			9	4	7	
	8	9	5	6	3	7	2	
	9			5	2	1	3	8
	4	5	3		8		6	7
		6	8	9				1
8		1		7	4	5	9	3
	7	8			5			

Jigsaw Easy#10

		4		1	8	7	2	3
2			9	3	5			
	3		4		9			6
7	8	3	1		4	5		
1	7	2	5	6	3		9	4
	5				2	9	1	7
6	2	9		4	7	3	5	1
9	1		2	7		4	3	
3				2		6		9

Jigsaw Easy#11

	9	3			4	1	7	8
2			8	1	5		9	
9	8	2		7		5	6	3
1	5	8	7	6	3	2	4	9
3		1	9	8	7	4	5	
4	3			5	2			7
	1	5				6		
	7	4			6	9		
5	2			4		7		1

Jigsaw Easy#12

			5		1	3		8
9			3	4	7		1	5
8	4	7	1					2
3				2	8	1		9
5	1	8				7	4	6
	6	3	2		4	8		7
2	9	1	7			6	8	
	7	2			5	4	9	
7	3	5	4		6	9	2	1

9x9

Jigsaw Easy#13

	5		6	3	9	8		4
9	2	7	1	8	3	4	6	5
3		5			2	7	8	6
6					5	9	2	
4		6	5	7			9	
		3	9	2			4	8
5	4	9	3		8		7	
				4	6	3		9
2	9	8	7	5			3	

Jigsaw Easy#14

9	3		2		6	8	5	
8	4	2	1		7	3	6	9
1	8	9	6	7	4	5		
7	1		5	6			8	
3		6						
4	5		3	9			2	
	6			8	3	9		
6		5	8		2	4	9	3
5	2	4		3		1	7	6

Jigsaw Easy#15

6	1				4		5	2
8	2	1	5	9	7	4		3
	4	6	9		3	2	8	7
		4	8	5		6		9
				4	6	8	3	1
	3	9			8	7	2	5
1		2		3	9	5		6
2				7				8
7		8	3	2		1		4

Jigsaw Easy#16

6	2	9		4	5	1		3
1	5	3	2		7	8		
8		4	6	1		5		
9	6	8	3			7		
7			4	8		9	5	1
3	1	5				2		
	4	1	9	7				8
	8		1	5	9	3	2	
2			5	3	1	4	8	7

9x9

Jigsaw Medium#1

4			9	8	1		5	
			1	2	7	5		6
5		7						
	1	4			2	6		
	2	6			4			9
2	7					9	8	5
	5				3	7		
				3	5			
1		5	7			4	2	

Jigsaw Medium#2

9					2			4
5	6			4		8		
3					6		1	2
8	1		7	2	5	3		9
				3	8	1	5	
	2		1		9		8	
			9	8			6	
		2	5		7			
				1	4	7		

Jigsaw Medium#3

			6	4			1	
	4	5					2	1
		7	4	3		9		2
2	9	6			1		3	
							7	8
			9					5
	3	1	5			8		9
7		8			4		9	6
		9	2	6			5	

Jigsaw Medium#4

	1		7	9				
		4	2		7	6		9
8		6						
	2	5		4	3			
			8		1	2	3	4
2	6		4	7				8
								5
3	8	2			4			
7	4		5		2		6	3

9x9

Jigsaw Medium#5

9			5					8
8		1	2		7	3		
	2		6					7
4	1							
	7	2	4		1	8	6	3
	8	5			9	2	7	
	3	7	9		8	4		
7			8		3			
	9	4	3	8		7		

Jigsaw Medium#6

9		5		2		6		
6				4			1	
2	1	9	6	7		5	4	8
		8			4			
3		7	4	9				1
	2			5				7
5		6	7			1		
4	3					7		
	7	2						9

Jigsaw Medium#7

2		3					1	
	7			4			6	
	9			8	6	4	5	7
3			4			8	9	5
6	4	8	2					
4	3			9		6		8
9						2		3
7	1				5			9
	2					7		

Jigsaw Medium#8

4	2		9	3	7	6	5	1
					5			
1	6						3	
6			1	9	3	5		
	7	9	4	1			6	
7			8	2				
		1			9		8	6
		4					2	5
				5		3		7

9x9

Jigsaw Medium#9

	4	1		3				
1	6				8		4	
5			3	6			8	
			8		3	6		7
		8			9	1		4
7	2		1					
		7	4			5	6	
6	7	3					1	
4	5	6	2			9		

Jigsaw Medium#10

4		1		8	7			
		7	2	3		9		
8	1			4				
3	8	4	7	9	1	5		2
							8	
2	3		8	6				
	6	2	4	1	8			7
7	4	8		5				
	7			2	5			

Jigsaw Medium#11

				8	2		9	
		1					7	
7				5		4		2
6				7	3		5	
1					6	5	4	3
9			5	1	4		8	
	5	8				1	2	
	1		4				3	9
2	3	6				9	1	

Jigsaw Medium#12

		5	2	9	1	4		6
		8		2	4	7		1
1							5	
2	4			7	3	9		
7		4	9	5	8		6	3
			1	8				
4						5		
				1	5			
5			4	3		6		8

9x9

Jigsaw Medium#13

6	1		7		8			
	5		4	8	6		1	
3			8				9	5
1	7	6	9					
8	9	4			3			
			2		9			6
4	6		3					9
	4	8			5	2		
9				2				4

Jigsaw Medium#14

	7			9	4			
5				4				
6					7	1	5	
7	2	3	5	8	1		6	
	8	4	9				2	6
8		7			2			9
						3		
9	5	2	6			4		1
	3	8					9	

Jigsaw Medium#15

7			5	1			9	8
2					8	7		4
						1	6	3
		1	3			9		7
					7		1	9
8	5				3		7	
4		7	8			5	3	2
1	6					8		
			9			3	8	6

Jigsaw Medium#16

8					1			6
		2		8	3			
3			1	7				
			2				5	3
	2			3	7	6		
	3				9	4	8	2
9	5	4	7		2	3		8
4	1			5		2	6	
		7					3	

9x9

Jigsaw Hard#1

			9			8		7
		2						1
6	4	9				7		
		4		9			3	
9			2				7	4
	2			4				
		5				2		
			3			5		

Jigsaw Hard#2

				6				
			3					6
5		2						
2	6	9	7		5			
	7			9	2	4	6	
	9		4					
9		7						5
6								9
		1				9	8	4

Jigsaw Hard#3

8	2			4				1
6	4				3			2
		6			9	7		
				6	2			4
							1	
9			3			1		7
1		7					8	

Jigsaw Hard#4

					6	2		
							5	2
				1	3			
	8	1		2	4			6
				3	1		9	
		2	1			5		
			4					8
					5		2	
	2	5		7				

9x9

Jigsaw Hard#5

	7	6			5		1	
			8				7	
9		1		2	3			
	9			7	1			
6					4			
	1	8	6			5		
			1		8			
8					2			

Jigsaw Hard#6

9						1		
				5	1			
		1				3	5	
3			8			2		
	9	4			2			
	2				5	4		3
			2	9		7		
	3				4			
8		2			3			

Jigsaw Hard#7

						5		8
		1						6
4			1					
	4	3	9					
				2				4
	1				2			
	9	4						
		7	2	5	8		3	1

Jigsaw Hard#8

2						8	3	
				2		7		
	3			8			9	
				5				2
			7	3			4	9
1					3			
	6	4						
				4				
	4				9			

9x9

Jigsaw Hard#9

	4		7	9			1	
		4						8
			5					
	5				3	1		
					2	3		
4	8						7	9
	1		4					
	7		3			4	2	

Jigsaw Hard#10

			6		1	8		
		4				5		7
	4	6	1			7		8
8	2		4		9	3		
	8			6	2			
		8			6	9		
		9						

Jigsaw Hard#11

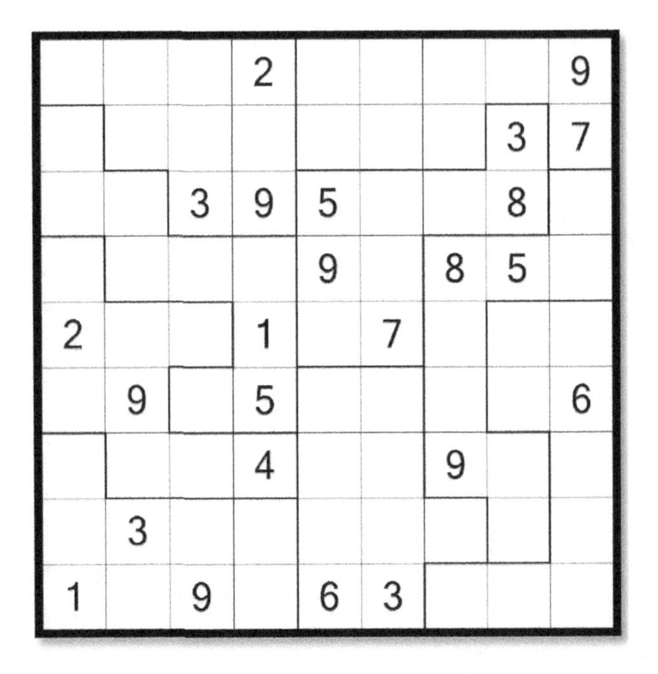

			2					9
							3	7
		3	9	5			8	
				9		8	5	
2			1		7			
	9		5					6
			4			9		
	3							
1		9		6	3			

Jigsaw Hard#12

			3				1	
		6				7	2	
6	8	4						
9	3	1	5	6				7
2								
	7							6
					5			
4				5	8		6	
1								8

9x9

Jigsaw Hard#13

2	5		1					8
				4			9	3
	7				4			
	3							4
			7			6	3	
	1		3				4	
9			4					
								7
		1			8	2		

Jigsaw Hard#14

9				3		8	4	
	3			6				
				7				
		3		2	9	4	5	
						3		
	9	7			4			
	5			4	6	1		
7	1					5		4

Jigsaw Hard#15

	3			4		7		8
					1		2	
	9		8	7			3	
2								
3		4		6	7	8		9
5				1		9		
	6				2			
		6	2					

Jigsaw Hard#16

		9		8				
		3				7	5	
	2						3	
8				5	4			
3							4	
		8			7			
6				4				
7		4	2		5			
	5		8		2			7

9x9

Jigsaw Super-Hard#1

					1	2	9	
							3	5
			9					8
	1	8						
2				4				
			2		7	4		
5								
	9	6				7		

Jigsaw Super-Hard#2

			5			3		
				8	7			
	9					1		
				2		9		3
				3				
9								
5		1	7					
	6						2	
			4		6			

Jigsaw Super-Hard#3

	2				3		7	
	3					6		9
						2	1	
9								5
			9					
	1					9		8
2						7		
6	8							
			7					

Jigsaw Super-Hard#4

4			1	5				
7		8		9		1		
			7	4				9
		2			8			
8						3		
					3			4

9x9

Jigsaw Super-Hard#5

9							7	
		3					8	
	3	5	6					
		6						
			7				1	6
			3				9	
					2			
4		2	9	3				
						8		

Jigsaw Super-Hard#6

4								
			3					
	6	1				3		8
							4	9
8								
	3		2		9	6	5	
					2			7
				1				
				9				

Jigsaw Super-Hard#7

3			6					2
							1	
		8		5				7
			7		4			1
	3							
7	9					6		
		6						
	1				9			

Jigsaw Super-Hard#8

				1	8		2	9
8			7			2		
							1	
3	1	8						4
	9				6	3		
						6		
		6					7	
9						8		

Jigsaw Super-Hard#9

		3						
	4							
		6					9	2
								6
		5			1			
			4					
9						7	8	
						2		
6	1			4				

Jigsaw Super-Hard#10

	7	3						
4					9			8
					2	1		
9			1					
		5	7		6		9	
						7		
				6				5
	5					8		

Jigsaw Super-Hard#11

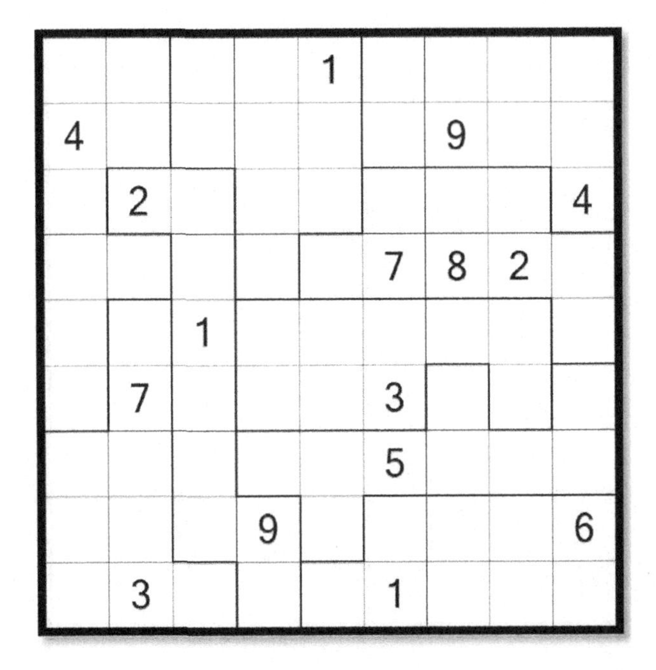

				1				
4						9		
	2							4
					7	8	2	
		1						
	7				3			
					5			
			9					6
	3				1			

Jigsaw Super-Hard#12

			8		7			
		9				4		
	9			2			5	6
	7				8	3	6	
2			3					
							4	
				5				

9x9

Jigsaw Super-Hard#13

		8						6
					9			3
					6			
		3					5	
		5			3	8	2	
5		7		9				
		9				4		
				2		6		

Jigsaw Super-Hard#14

			2	9				
	9			7				
				5	6			1
					5			7
				8				
4						3		
					2			
			8		1			
1			7			6		9

Jigsaw Super-Hard#15

	6			4				
				7			3	
	4			1	8	9		5
5	8	6						
	9							7
			4		2			
						3		

Jigsaw Super-Hard#16

						7		
					6		4	
1		8	7			3		
					3			
7								
				1	4	6	7	
5		4						
	2							
	5	7		8				

9x9

Easy#1

5								4	
7	3				10	6		9	8
1		2	6		4			7	
9	10			3				2	
		5			9	8			
	8	9	10			4			1
						2		3	
		4		9	5	7			10
	6	10	9	1		3			
8		3						1	2

Easy#2

9					8		5	2	
8	7		4			1		3	
		8				9	6		7
5	9	7		6					
1	10					5	8		
4					1	10	7		3
6	8			7		4			5
2				5				9	
	3			4			9	10	
			6	9	3	8			

Easy#3

	5	3	6						8
	2	10		1	6		5	4	9
	6			7	5	2		8	
2	4			8		6			7
	1			3				7	
					3			1	
1			3	5			8		
			8		2				
				6		10	2		
10			9	2	8	4	3	6	

Easy#4

4	10					6		7	9
	7	6	5				10		1
6	9		7		2		3		
		10	4		6				
	8					9		5	
10				1			2		
	1		10		7		6	3	
7	6		8			10	4		
	4	2	1			3		9	6
9			6			2	5	4	

10x10

Easy#5

9	7					3			4
		5			8			1	6
7	2	4					6		1
1						9	2	7	5
	4		8	7		1		2	9
		3			6			8	7
	10		7	6	9		1		
			4			10	8		
			2				7		
3			9					5	

Medium#1

			1	9	10				
			3		5			6	2
	7		5	3	6				
			9	8		10			4
	8					7			9
	9		7				6	1	3
				6					
1	10		8	7				2	
	6		10	5		2	7		
7		9						10	5

Medium#2

8		2	1					10	5
	6				1				8
	2	9		6			10		7
	1	4	5	7	6	9			
	3				10				9
			6			4	5		3
	5		9	1		8		4	
				8	5				
			10				6		
				9	3			7	

Medium#3

		5							2
		9		3	10			4	5
4			10	8	9		5		
5	1	3			2	7			10
			5						
	3		1	10		6	8	9	
	2	10	7						
					4			2	
10							1	3	
3					8	10	2		

10x10

Medium#4

				9	7	2	10		
4	2						9		5
7								8	4
			10	4	5	3	2		
	9	6	8		3	10			
		3	2						9
2		7	1		8		5		6
8									
		1		6					
		2					3		10

Medium#5

		6	3	4		10			
						1	4		
		10		6					2
2					1	5			
4	8		7		10	2		6	
							5		8
	4	1				6			
		5	2				8		3
		8	4			7			10
1		7	6			9		2	

Hard#1

	5		9				4		
			3	7					
8		6					1	3	5
			10			4			6
				2					
				8	9		5	2	
6							10		8
10	3		7		1		9	6	
7									
9		1	5			3			10

Hard#2

	10	7							
3	6	8				4			5
5			6		1		2		8
						9	3		
					3				2
			1		10		4		
4	8	2						6	
	1	5						8	3
6			3		2	10			4
8								9	

10x10

Hard#3

		9							
		1		2		3		5	8
4						5	9	2	
						1			
	10	7		1			5		
	4				6			9	
3				8					
		2	5	7			8	4	9
		3			10				
7	2	5						1	

Hard#4

4					7				
		5						1	2
	1			6					
			3		9			5	
		3	9						8
2						4	9		
	9	1			4				
	7				5	9			
		9	10	1		6			3
	4	8		5	1				

Hard#5

	10		5					4	
	8		1		7		5		
8						6			
	2	5	10		9			8	1
9		4				7			
				7		2			10
	7			2			9		6
5					1				7
2									
4			9				7		5

Super-Hard#1

	3						7		
5								2	3
	10						8		
		1	9	8	2			5	
8	7			3	5	10	6		
		10						3	
			7			2			
		9		4	7				
	1				6				7
2		4	3				10	1	

10x10

Super-Hard#2

					8				
	8	10	7						
	10		5				2		9
8		9		2		1			
	7						1	9	
	5			3		4	7		8
7									6
		4					10	5	
1		3		6				10	7
				9			4	3	

Super-Hard#3

5						7	3		1
	4		8						5
	1			8			7		
2	5	4	6						
	6							2	
7			2			8		9	
1				10			6		
	3								7
			5				2		
8		3			1			6	

Super-Hard#4

5	4			7		6			
		10				2			5
				10		3	1		7
		1					10		
4	5							2	
8	3				9				
	10	6	7		8		2		
9		8			10	1			
					6	5	7		
		9						3	1

Super-Hard#5

7		4	9		3			2	8
			10		4		9		5
9	8								2
				10			5		
2			5			10	3		
	10			3	1			4	7
				2					3
6	3	1			9				
			2	7	5				
			1						4

10x10

Jigsaw Easy#1

	4							10	
2			1		7		10		3
6	10		3				2	5	
			5						4
9	2		4				1		
		1	10	6				3	2
	3	6	2			4		1	10
								4	
	1			5	2	9	4		7
	6					3	8	2	9

Jigsaw Easy#2

			6	5					
						10			
4	1				8		10		6
				3	1		9	8	
	8	10	4	9				1	
6		9		8	7	1		10	
1		7			3	2	4		
3				7		8			
		4	7	1		6			
		5			4	3	1	7	

Jigsaw Easy#3

5		8							
			8	3				4	
					6	8	2	9	5
3						5			1
	7		1	6			9	2	10
4			2	10	5	9	3		8
2	5								4
9				5			7	8	
			10	8		7			
7	8		5		1				

Jigsaw Easy#4

	6	2					4	7	1
			7			9			8
		7		2		3	6		
		9	6	4					7
7		3		9	5			8	
				1	7	8			
	3	8					7	5	2
			8					2	4
	10		1	7			8		
1				8		7		6	10

10x10

Jigsaw Medium#1

		10			8		4		
		4			5				
				2			5		3
	8		9					6	
9				6		7			
4				1	3		9		
7						10			8
5			3					7	9
8	2						3		

Jigsaw Medium#2

		9	5						7
	3				10				
6									5
	2	10				1			
					2		9	7	
7		5	6		9	10	4		
	1			5				9	
		7			3			5	
		2			7				
		3			1		5	2	

Jigsaw Medium#3

	1		7	3	2	6		5	
	6								
	2	5			1				
		7					8	10	6
10							7	3	1
		2	10		8		1		5
5	8	6			7	10			3
	4							9	
				5					7
					10				

Jigsaw Medium#4

10							4		
6				9					4
4								2	
3					7				
8						2	10	6	
5				8		10			
		6		3		4			
		10		5		8			
7					2		6		
	2	3				9	7		8

10x10

Jigsaw Hard#1

						3			
			9	8			7		
10		6			5				3
					4				
		5			10				
			2						
		3				1		9	8
				1					
3				4				8	
	9	1				7			10

Jigsaw Hard#2

	4								6
		5					9		
3	10					1			
									5
4	3							10	
				9					7
			7	10	2				
2		10	5		1	6		9	4
6					7				

Jigsaw Hard#3

		3					5		
					8		9		
					3				
				3		6	10		9
3		2	5	1		4			
				4					10
9			7				3	6	
					6			9	5
	8							4	1
1		5							

Jigsaw Hard#4

2			3		5				
		9		8					3
	7		8		10				
								1	
4							2		
	1	5				10			2
8			2						
								5	
10		2			6	8			
	5		7			3			

10x10

Jigsaw Super-Hard#1

			3			4		2	6
				9	2			7	
	1		9						
1	8								
10			5		1				9
							10		3
		4			8				
	3								
	2								
							7		5

Jigsaw Super-Hard#2

							8		9
10	9								
			6						
1									4
	2							3	
				8		1			
6		9	7		10	2			
									10
4	7				6				
		3			4		5		

Jigsaw Super-Hard#3

	3			9		6			
		5			3	4			
					5			4	
	7								5
			8						
		1	3		10			9	
		6			1	5			3
4	8				6	7			
			1						2

Jigsaw Super-Hard#4

			8	9					
		3			5				
4									
	5					9		1	
5	9	1			8				3
						6			
	3	10		2			9		
2				4					10
					2		7	9	
				8			10		6

10x10

Easy#1

4		12			6	5	7				11
	3	11	6		9		2	8	5	4	7
7		9	2						6		3
	1	5	3	8	11	7			12	10	
	11	2			3	6	4		7	5	
9		8		10	12	2	5		1	3	
		10	8	5		3			4	7	12
3	6	4	12	9	7	8	11			2	5
1		7	5	4	10	12	6		8		
8			9		5	4	12			6	
	12		11	7				2		8	4
	7	1	4	6	8		3		9		10

Easy#2

1	2	3			7	6		12	10	8	11
			7		10			2		5	
5	8	4		2	9	11	12		3		6
			5	3	1	4			6	9	2
	1	8			5			10			
		2	11		8	12	10	5			1
		1	3	9	12	7			5	10	8
8	5		4		11	3		1	2		7
10	6	7		5	2		8	9	11	4	3
					4		2		1		12
9	3	11	1	12	6			4	8	2	
		12	2	8	3	10	1		9	7	5

12x12

6	10		11	12			1	7			
		2		11		7				6	
1	7	8	12		10		6	4	11		9
2	9		4					6	5		
7		1			5		2		4		11
	5		6	4		9		2		8	
11	2	9	3	7	12	10		8		1	
10	4	7	1	5		6		11			12
		6	8		1		9	10	7	4	3
	1	3	2	10	11	4		9			
		10	7		2		12	5	3	11	4
4	11	5	9	8	6		7	12	1	10	2

Easy#3

4	11	8		10	2						
2			6			7		1	4		
1	7			3	4	6	12	8	2	5	
6			3		11	9			5	12	8
11	12	9	2		1	8		7	6	3	4
10	8	5	4	6	3	12		2		1	
3		6	8		5	4		11	9		
				7	10	11	8		1		6
	4		1		6			12	10	8	5
8				2	9		6			11	10
9	2			1				5	8	6	3
5	6	4	10		12		11	9	7	2	

Easy#4

12x12

Medium#1

	2	9		12				7	10	8	3
	4		12	10						5	9
10	3	1			7		2		11	12	
1	6	12	10	7					9	4	11
	11			9		4	5	10			6
	9	4	5				10			7	
	12	10									
8					10			9	6		5
		5			9	7			12		8
		7				12	11	8			
	10		3		6		7			9	
	8		6	4		10	9	3	5	2	7

Medium#2

						9	12	6	2		
3		11		2							10
6	8			5	3	10	4			11	
2	5			12		6				1	7
11	9			3	7		1			10	
7	4				2		8	9	3	5	6
5		10	3	6						8	
			12	9		7	5		6	2	3
	7				12			11			
4		7					10	3			2
10	6						2	5			
12		9	2	4	5	8	7				11

12x12

		8	4	10		6			7		12
	11	3		2		12				8	4
12		2	10	8	9				11		
	8					5	10	7	3	12	9
11	12	5	1	4		9	7	8			
							2				
7		1			2	10	11	4	5		8
4	9		11			7	1	12		3	
			8				12	1	9		7
		9		12			8	3	10		
10	2		5								11
	6				10				12	4	1

Medium#3

3							2	1	12		
10				1	12		6				5
6		8			5	3					10
			1	8		5	9	7		12	2
5	3						7	10	9	8	1
		7	2			12		4		5	6
1	12			5			10				
7		5			11			6		1	
	6		10		9			3			
8		10	9			1		5	7	2	11
2			3			10		12		9	
12	5		11	9			4	8	1	10	3

Medium#4

12x12

Hard#1

		5			8	1		7			3
4		7			12			8	10		
		3		7	11			6			9
		10			2	8		11	7		
	12	2	4	6	7	9	11			10	
8			11					5	9		12
	2			1			10				
9		4			3						
			3		4	12					
		9			10	5					
12		8	5				4			7	
10		11							8		1

Hard#2

3		5	4	12			2	8		10	
				9						11	
	7								3		
7				4			8	5			
				1		6		11			2
	5	4	10	3		9	11				6
	3		5			2					
2		1		8	11				12		
10						4	12	1			
		9			12			10	4		1
5				11		8	9		2		
			3	5	7		10	9	11		

12x12

Hard#3

										6	
2	6			11	3					4	
		8			4		7	2	3		9
				7		2	6			9	12
							8	5		2	3
	8		11	3	10	12				7	1
7	11		5	1	8	3					
4		9						8	1		
1				4						12	
		1		6		10		4		3	5
	3		12			1			9		
			2				3		7		10

Hard#4

			12		9		11			2	7
					8				11		
			11	1	3	2	12	5	6	4	
9	7				12	11	1		10	5	
1					5	4		12			
			5		10			8	4		1
7			2	12	4			11		3	
6		5			1	10					
					6		2		5	10	12
12			1					2			
			10				9	3	8		
	6			4	2						10

12x12

Super-Hard#1

	5	1		10			11	6			
	3				6	5					11
4									10		8
	11	9		1					2		10
				12							
						6		4		8	5
5	4				1	8	6	11		12	7
	12	3		9							
2			1				7				4
3	10	7			2						1
12				8	3					10	
		6				12				7	

Super-Hard#2

								12		1	2
8						9	12	5			
12	9	10	6			5	2		7		
					8		4		10		
9			5						1		
	1		12		3		5	8			
	5				10				12	7	1
						8		6			
6	2			5		11			8		3
7	3					12	8				
	6		2				10			4	
			8		9		11		3		

12x12

Super-Hard#3

12			5	2	6			9			
3		11				8	12			5	
10		1			11	3	5	4			
4	1		6	5							12
								6	5		
9		12		11			6			2	1
			11					2	6	12	7
2				12							
	9	7			10			1			
			4	6		10		8	7	9	
					5		3			1	
					4		7		11		

Super-Hard#4

	9		7								
6			1	2		7			11		4
	3	10						8			
8		2					11			1	5
10		11				1		2	8	6	
			5	8			10		9	3	
1		4			7	11	8			5	
			12			2	6				
	11			10		9		4		2	
			4	1					3	10	
		6		11							
11	7							12		8	6

<u>12x12</u>

Jigsaw Easy#1

		8		7		6			10	5	
2		12		4			3		9	6	11
7		4	11	5	3		9				1
6	3	7	4	1	10		2	11	5	9	12
8	5	9	12	11	2	10	1		4		7
	12		6			9		5			3
	7	2	9		4		12	10		8	6
	1	3	8	9	11				6	4	
12		6	7		5	4	10			1	
9		1	3			11		4	12	2	
			1		6			9	7	11	8
3		11				1		7	8	12	2

Jigsaw Easy#2

2			7	11	1			10	5	8	
1			6		5	3				9	7
7	8	5	11		9			6			1
	5		4	10	11	8	9				
		2		6	8	12		1		10	11
9			10	3	6	1	7	12	11	2	5
10		12				6	4		3	7	9
12	2	9	5	4	7			3	1	6	
8	10		12	2	3		1			5	6
	9	3	2					8	6		4
		6			12	7	2	9			10
5	6	11	1		4		8		7	12	

12x12

10	4	12					5	1		9	
8	11			9	10	3		4	2		
3		9	11	6			10	5	1		
	2		1	12	7	9			3		10
4	10		7	3		6	9	12			5
12	6				4		1		8		11
	1							10			12
11	5	6						7		10	8
	8			10		12				3	1
									12	1	9
1											7
2	9	7		1	11			6	5		

Jigsaw
Medium#1

8				4			6				
			12		2		3		7	9	4
	8		5	6	11	9	10	7	4	3	1
		6		11							
4	9	11	8	10	7		1				5
1		10		9	6	11			3	12	
7					4	10	5	9	11		6
	3	7							5		11
6		12	2			7	11			1	
5			10	7							
							7	3		4	
	6		1	5	3	8	12	11		7	2

Jigsaw
Medium#2

12x12

Jigsaw Hard#1

	9	1	6							2	
2		10		8		9			4		
12			7		8	6					
4	5				2	1					
		4		3	11	7	6	1		8	
3					12		11			9	
				10			2				
6	1				9		8		10		
9			2				1		3	10	
1		11									
			11	2		4		9		12	5
										1	8

Jigsaw Hard#2

		6									12
								6		8	3
	1		10		11				6		
3					1	12		11		10	7
		8		3	10	1	2		7		
		10	2	9		4	5		3		1
9	8					10	1				6
		3		2			11				
							12	10			
8	10	5							4		9
4	7	11			2			1			
12		1									

12x12

Jigsaw Super-Hard#1

	12	10			7		3		4		
7			4		9	6			8		
		11	5				4		7	3	
	4			6						7	10
										12	
	8			3	2		1	6		10	
3					4						
	2		1		3				5		11
1		9			10	11					
5		3	7	4						1	
	6										7
		7								8	

Jigsaw Super-Hard#2

				12	7		1				
4	2	1	10			5					3
8				7	11					9	
	4					10					
				6	2				12		
			12		5		2		11		6
			2	3				5			
9	6									2	10
3		2								4	12
				11		3				12	
	11	4	1					6		8	2
		3			8						

12x12

Easy#1

13		5	1	8	15	4	11	2		9	7	6		10
	14	11	15				1	6			8	3		4
	7	6	12		5	8	13	3	10			1	14	
2		13	14		4	3	5	15		7	6	11	8	
4				6	10	2	14	8	7	12	5			1
8	15		5				6	9	11	2	14	10	4	
12	4			13	3	5		14	8	1	11	9		7
1	5		8	9	11	13			6	3		14		12
3	6	14		11	9	15		1	12	8		5		13
6			9			14	12	10	13	11		7		
	11	2				6	7		15		13	12		8
			13	15	2	9	3	11		14	1	4	10	
15			10	14	7	11		12	4	6			1	5
11	12		6	3	14		8	5	2		9	13	7	15
		9	4	7	6			13		10		8	11	14

15x15

Easy#2

14		12	1			8		4	9	6	5			
7		4		9		6		10	12			2	15	11
		2	10	13		5			15	9			12	1
	2	7				10	9		5	11	15			4
1	15	9	13		14			2	4	5	8	12		
4	5	14	11	10		12	15				1		3	6
15		10		12	2	9	13		8	14	7	6	1	
		1	7	11			10	12	6	8	9		2	13
13		8	6	2	5	1					12	4	11	15
2	3	5	14			4	6	15	13	1	10	11		9
6	12	11		1		14	5	8	10	13		15		2
10		15		8	11	2	7	3	1		6	5	4	14
9	1	3	8		15	13	4	5	2	7	11			
11		6	2	4	10		12		14	15		1		8
12		13	15				8	6	11		2	14	9	3

15x15

Medium#1

10			7		11		12	6				3		
	2		4	5	9	10				12	6		11	
6	1			8		5		14		9			13	7
13		3				14			9		10			
	5			6	7	12						15		
7	11	9	15					13		2				3
	9	6	10		14	7	15	12	13		8			
	3	8		13			9					7		
	15	7			3	2		1			13		12	
8	6		9	7	12	3	1		10	4	5		14	15
15				4	8	6			14	7	1			12
	12							4			11	9	10	6
	7	4				11		5	1		14	12		10
9		12	6				4		3	5		8		1
	8		1	15	6	9		7			3		2	

15x15

Medium#2

		10	13		8	15		7		12	1			
	12		5		13		9		11	7	15	14	2	
9			11						1					8
	4				7	2		5		9		1	10	12
	11			13				3					4	15
	5	7			15	9	11	4				6		13
7	2		4		11	10	1	15	3	5	9	13		
		12		5				8	7					10
13		15	10	1			14	12		3			8	11
	13		8	11				9	15				5	4
3			14	9			4		5			8		
			15			8			14	10		11	9	1
	8			12		4	7	13			10		15	
5				15	10	3			2	8	13	9		
10	3			14	5			6			12	4		2

15x15

Hard#1

2	10	15		12			1	7		5	9			8
			3			4					10	11	14	
11						6	8	10		15		1		12
15	11	14		6		8	7		1		2	13		
5	12			2	6							7		
10	1	7	13		14		15		12	8				
	15	8				11		4			14			9
	4		10					14					13	15
							6				7		10	4
	13	5			2		10			4		8	6	14
	8		11	9						10				
1	14								13				9	
		4				7	12							5
					11		14	13	15		4	9		6
	5	6	2			10			8				7	

15x15

Hard#2

	7		6			11			3			5	1	
						4	7	12		3	13			
	15			8			10				6			
6		12			3						4		10	
13			15		12	1	6	4						
8								2		14	12			
	1	4	3					11				8		
				13		7	3		10	15		9		
10								8		12		7	3	2
7	11				4		1		13		9		14	
4			13					9	15	1	8			11
	10	6					11	3			15			
		15		2	8	3	12			5				9
14	8	3			1	15	13		2			11		10
			7	10			4					1	2	

15x15

Super-Hard#1

		7			12		4			14			2	
				1	2						9		15	10
12		15	11	2	5			1					13	
			3	7				2		12	10			1
		14						5			4		6	
9	13	4	12				8			3	7			
15	4						5				8		10	14
		6	5		1	11		7	14					
	1		2			4	15	9		11	6	13		
5			8			9	12	15	2			6		
10		13			3	7					11		5	
			14								2		4	15
	11			5									7	
8				10				12				4		
14	12		4					10	7	15		8	1	6

15x15

Super-Hard#2

			3	5			12	15	13	14		9		2
7				13		9		4		12		3		15
15			4		14			1			11		8	
		1	7				10		15			13	11	8
				9			8	11				6		7
10				3	5	13				15		12		
	15							5		9			1	
13				4			3		14				10	
	3	7	8		10							2	4	
			12	10		5	11		1			8		6
		13	15		4					2		5	12	
11						8	9		12	10				
	5	6	13		2	15			4			14		10
2	11	4		8		12		10	7			15	13	
	12					11		14						

15x15

Easy#1

	9		1	8				14			12			3	
			16	4	7	3	9		13		5		2	8	
5	4			15	16	13		3		2	6				7
		10	3	2		14	12				8	5	9		
16	2			14		12	3	11		13		4			9
	1	12		5	2	15		9	4	3	10	13	14	6	8
	6		9	10	13		7	8	5	16	1	11	12		3
3	13	8		1					2	14	7		5		
		9	2	12	15	10	13	5		1		3	8	4	14
7					3	1	2	10	15		4	6	11	5	12
10	5			6		8	4		14	12	9	7	16	13	
4	8		12		14	7		6	3	11		9			2
12		16	11	13		5			8	6			3	9	
	3	2		7	12	16	8	15	10	4		1	13	11	5
	10		13	3	9	2		16		5		8			15
8	14	7	5	11	4	6	15	13		9		2			16

16x16

Easy#2

14			8	11	13	12	4	9	3		16	6	1	2	7
	3	7		8	9		2	11			5	15	16	10	4
			16		15		3	8	7		6		13	9	
15		9			10		16	2	13	1	4		14		5
11	13	4	1	10	16	8	5		2					12	
8			10					4	11			14	2	16	1
3		16					1	10		8	12	5		11	13
6	14	12	9	4			13	1	5		7	10		15	
1	10	13	7	14		4	8					12	15		6
5		11			7		15			4		1			16
	9	15			6	5		13	1	7	8		11	14	10
12		6		13	1	16		15	10	5	11	3	7		
4	6	2			12	3				11		9	5	1	14
9	16	14	5	1	8		11	12	15			4		7	2
10	12	8		9		2			4	13					11
7		3	11	16		6	10		9	14		13	12	8	15

16x16

Medium#1

		10			15							12	6		3
12	3	4	16	10		9		6	15	5		14	11	8	13
	1	11	13	12								9	2	15	7
	9	7			8								4	10	1
7	13				5	4	8				16				10
			15	14			3	11			6	7	8	5	
				16	10	11	7		8		14			6	
	10	14	8		6		9	5	7			13		3	
	7	15	11	4		1	5	12					9		
1		13		6				7	5			3	15		12
	2				9	3	13	15	4	6			10	1	
	5	3				8				14	10				4
	6	16	2	3			10		9	11	12				
							6	2		1	5		16		
8			1	5		13	12	16		10	15				
	14			9		16	1	8							

16x16

Medium#2

		8	10	14	16	12	1	7	6	15					
12		14			4	13	8	2		16			9	11	
	1	15				5	11			13			14		
			5	10		3	6			14	9				8
	2	3	12	13						8		6	16	5	
	6		1	3				16	2	5	12	7	10	14	15
	9		8						11	6	10			4	12
15		10			6				7				8	1	9
6				4		10		15		2			7		1
				2		11		6	9	12		5	4	16	
10			2		12	1	16	8		11	14		6		
11		5	3					10			16			8	
	14			8	10		13	11							5
	10			11	5	14		12		7	1			13	
		13		1	7		12			10			11		4
		12							8		15	10	2		

16x16

Hard#1

				13	15	3				7	11				14
13		2	8	12		10				4					3
	9		3			6	11		10			12		5	
6						7		12				9	4	10	
	10	7			1	9				14					4
	4		14		3	8									
12		11					16			8	3		2	14	
					13		12	2	16	11	15		8		
	13	16			11	4			5	12					8
	12		9							16			10	13	
7	6			5				14			2	3	11		
		8	1	10				11		6	4				
	16	14										4		3	
			4	7						10		8		2	
	2			9	16			1		3					15
		5	12	2	6		13				7	10			1

16x16

Hard#2

2			10					16	6	1	4	14			11
8			5	10					11		7				16
7	14		11	6		2				5		8		13	
15		4				5	12						1		
	7			12	3		11		1	2			9	8	6
			8			1	2			7	6				
			14	13	5	16		15							10
		3			6	8			4	11				1	14
5					15		3								
	16		15	2	9	14	1								
	9								13	15	11	3	16	5	8
3	12			16				10			14				
	8							2				13		9	
10		2				9					15	6		3	
13	11		4								3	12	10		15
	5		3	14		11	6		7	8	12				2

16x16

Super-Hard#1

9	13		1		7			10							
6		12	10		16						14		15		7
		7		11	8	4				9	12	10			3
		4	8	14		15		2	13		6				11
1	16	13		10	14		2		3				5		
		2	15	3			5				4	13			
	7		5	6			1					2	4		
		10	12		15			14			2	11		8	1
7	1		16	2					5		9				
				15					1			4	9		13
	4						11				8				
10		6		16			13	4							8
				4				3				7	8	10	5
		8	2		13	12		9		4	10			1	
		16			5		15						11		2
4		1			9	10	14	6					3		

16x16

Super-Hard#2

		16	6	13	2	4			15		3		11		
8		3		16	15	9				11					13
		13			6	3	12	7					1		
12					5					2		15			
	6	5	1			11	3	9	8					13	
11			9	1	4	14							16	12	
3									10		11				
14		2	12		8		13	4		5	1	7			11
						15	9		5		8		4		16
5				10	12	16	8						6		
		9		14			4	6			12		3		
			11			1	6	2				14		9	
10		6	5	12				1	11	13				3	
		12				13	16			8	7				
			7			5		16				1		14	
		4	8	11	14					9			2	15	12

16x16

Hard#1

6	1	4	2	8	9	7	3	5
3	2	7	1	5	4	9	6	8
8	9	5	3	7	6	4	1	2
1	4	8	5	9	3	2	7	6
2	5	6	8	1	7	3	9	4
7	3	9	4	6	2	8	5	1
5	7	1	9	2	8	6	4	3
4	6	2	7	3	1	5	8	9
9	8	3	6	4	5	1	2	7

Hard#2

8	3	6	1	7	4	9	5	2
1	2	5	9	3	8	7	6	4
9	4	7	5	2	6	1	3	8
3	5	1	8	4	2	6	7	9
6	8	2	7	9	1	5	4	3
7	9	4	3	6	5	8	2	1
5	6	9	2	1	3	4	8	7
2	7	8	4	5	9	3	1	6
4	1	3	6	8	7	2	9	5

Hard#3

5	6	3	7	9	2	8	1	4
4	2	9	3	1	8	7	6	5
7	8	1	5	4	6	2	3	9
1	7	8	9	5	3	6	4	2
9	5	6	4	2	7	3	8	1
2	3	4	8	6	1	9	5	7
3	1	2	6	7	5	4	9	8
6	9	5	2	8	4	1	7	3
8	4	7	1	3	9	5	2	6

Hard#4

2	6	7	8	5	1	9	3	4
8	1	3	4	9	2	5	7	6
9	4	5	6	7	3	2	8	1
4	5	9	3	8	6	7	1	2
7	8	2	1	4	5	6	9	3
6	3	1	9	2	7	8	4	5
5	2	4	7	1	9	3	6	8
1	9	6	2	3	8	4	5	7
3	7	8	5	6	4	1	2	9

Hard#5

5	7	1	3	6	4	2	8	9
2	6	4	1	9	8	3	7	5
8	3	9	2	7	5	1	4	6
4	9	3	8	2	6	7	5	1
1	5	8	7	4	9	6	2	3
6	2	7	5	1	3	8	9	4
9	4	2	6	3	7	5	1	8
7	8	6	9	5	1	4	3	2
3	1	5	4	8	2	9	6	7

Hard#6

7	8	6	2	4	9	3	5	1
9	1	3	8	6	5	7	2	4
2	4	5	3	1	7	8	6	9
1	5	4	7	3	8	2	9	6
3	7	2	5	9	6	1	4	8
6	9	8	1	2	4	5	7	3
4	3	1	9	5	2	6	8	7
5	6	7	4	8	1	9	3	2
8	2	9	6	7	3	4	1	5

9x9

Hard#7

4	2	5	3	8	6	9	1	7
1	9	3	7	2	5	4	6	8
6	8	7	4	1	9	2	5	3
2	3	6	9	7	8	5	4	1
5	1	4	6	3	2	8	7	9
9	7	8	5	4	1	3	2	6
3	6	2	1	9	4	7	8	5
8	5	9	2	6	7	1	3	4
7	4	1	8	5	3	6	9	2

Hard#8

4	6	5	8	9	3	2	7	1
8	9	2	6	1	7	3	4	5
7	1	3	4	2	5	8	9	6
1	3	7	5	6	9	4	8	2
6	5	8	7	4	2	1	3	9
9	2	4	1	3	8	5	6	7
2	8	6	9	5	4	7	1	3
3	7	9	2	8	1	6	5	4
5	4	1	3	7	6	9	2	8

Hard#9

8	1	4	7	5	3	2	9	6
9	2	3	8	1	6	7	4	5
6	7	5	2	4	9	3	1	8
3	8	1	6	7	4	9	5	2
5	6	7	9	8	2	4	3	1
4	9	2	1	3	5	6	8	7
7	3	6	5	9	8	1	2	4
1	5	9	4	2	7	8	6	3
2	4	8	3	6	1	5	7	9

Hard#10

1	4	3	5	2	9	6	8	7
5	2	7	6	8	1	4	9	3
6	8	9	4	3	7	1	2	5
7	6	4	8	1	2	3	5	9
2	9	1	7	5	3	8	6	4
8	3	5	9	6	4	2	7	1
3	1	6	2	7	5	9	4	8
9	5	8	1	4	6	7	3	2
4	7	2	3	9	8	5	1	6

Hard#11

6	1	7	5	2	4	8	9	3
9	2	3	1	7	8	4	5	6
5	4	8	3	6	9	7	2	1
3	9	5	7	8	2	6	1	4
2	6	4	9	1	3	5	7	8
7	8	1	6	4	5	9	3	2
1	7	9	4	3	6	2	8	5
8	5	6	2	9	1	3	4	7
4	3	2	8	5	7	1	6	9

Hard#12

9	7	6	2	8	5	1	3	4
2	4	3	1	9	7	5	6	8
5	8	1	6	4	3	7	9	2
7	2	8	3	5	9	4	1	6
4	6	9	8	7	1	2	5	3
1	3	5	4	2	6	9	8	7
8	9	2	5	3	4	6	7	1
6	5	4	7	1	8	3	2	9
3	1	7	9	6	2	8	4	5

Hard#13

4	6	7	3	5	9	1	8	2
1	8	5	2	4	6	9	3	7
9	2	3	7	1	8	6	4	5
8	3	9	6	2	1	7	5	4
7	4	1	8	3	5	2	6	9
2	5	6	4	9	7	3	1	8
6	9	2	1	8	4	5	7	3
3	7	4	5	6	2	8	9	1
5	1	8	9	7	3	4	2	6

Hard#14

3	7	1	8	2	9	4	6	5
9	5	8	6	3	4	7	2	1
2	4	6	1	7	5	8	9	3
7	2	5	3	4	1	6	8	9
1	6	9	7	5	8	2	3	4
4	8	3	9	6	2	5	1	7
5	3	4	2	9	6	1	7	8
8	9	2	5	1	7	3	4	6
6	1	7	4	8	3	9	5	2

Hard#15

9	2	1	5	4	8	3	6	7
6	7	8	1	3	2	9	5	4
5	3	4	7	9	6	8	2	1
3	4	9	8	2	5	7	1	6
1	5	2	3	6	7	4	9	8
7	8	6	4	1	9	5	3	2
8	1	5	2	7	3	6	4	9
4	9	3	6	8	1	2	7	5
2	6	7	9	5	4	1	8	3

Hard#16

2	3	4	5	9	7	1	6	8
6	9	7	2	1	8	4	3	5
8	5	1	3	4	6	2	7	9
3	7	2	8	6	4	5	9	1
9	1	5	7	3	2	8	4	6
4	8	6	1	5	9	7	2	3
7	4	3	9	8	5	6	1	2
1	2	8	6	7	3	9	5	4
5	6	9	4	2	1	3	8	7

Hard#17

1	4	9	2	7	3	6	8	5
8	6	3	9	1	5	4	2	7
2	5	7	6	8	4	9	1	3
7	1	2	4	9	8	5	3	6
6	8	5	7	3	2	1	9	4
3	9	4	5	6	1	8	7	2
4	3	1	8	2	6	7	5	9
5	7	8	3	4	9	2	6	1
9	2	6	1	5	7	3	4	8

Hard#18

8	6	7	4	9	3	5	1	2
5	3	9	8	2	1	4	7	6
4	2	1	5	7	6	8	9	3
7	1	4	6	3	9	2	5	8
9	8	3	2	1	5	7	6	4
2	5	6	7	8	4	1	3	9
1	9	8	3	4	7	6	2	5
6	7	2	9	5	8	3	4	1
3	4	5	1	6	2	9	8	7

Hard#19

1	5	9	7	6	2	8	4	3
7	6	3	4	8	9	5	1	2
4	2	8	1	3	5	7	6	9
2	3	1	8	5	6	9	7	4
6	7	4	3	9	1	2	8	5
9	8	5	2	4	7	1	3	6
5	9	7	6	1	4	3	2	8
8	4	2	9	7	3	6	5	1
3	1	6	5	2	8	4	9	7

Hard#20

8	3	2	4	6	7	9	5	1
6	4	9	2	5	1	3	7	8
5	7	1	3	9	8	2	4	6
4	8	6	5	3	2	7	1	9
7	2	5	8	1	9	4	6	3
1	9	3	6	7	4	5	8	2
3	6	7	1	2	5	8	9	4
9	1	8	7	4	3	6	2	5
2	5	4	9	8	6	1	3	7

Hard#21

2	4	6	8	1	5	9	7	3
1	8	7	3	4	9	5	2	6
9	3	5	2	6	7	8	1	4
8	6	1	4	3	2	7	5	9
5	7	3	1	9	8	4	6	2
4	9	2	7	5	6	1	3	8
7	1	4	9	2	3	6	8	5
3	5	8	6	7	4	2	9	1
6	2	9	5	8	1	3	4	7

Hard#22

9	8	1	6	4	5	7	3	2
6	7	2	8	9	3	1	4	5
3	5	4	2	1	7	8	6	9
8	4	9	3	5	2	6	1	7
2	3	7	4	6	1	9	5	8
1	6	5	7	8	9	3	2	4
7	2	8	5	3	6	4	9	1
5	1	6	9	7	4	2	8	3
4	9	3	1	2	8	5	7	6

Hard#23

3	1	7	5	4	2	9	8	6
6	9	5	7	8	3	2	1	4
4	8	2	1	6	9	5	7	3
1	6	8	4	9	5	7	3	2
5	3	4	2	1	7	6	9	8
2	7	9	8	3	6	4	5	1
9	4	6	3	5	1	8	2	7
7	5	1	6	2	8	3	4	9
8	2	3	9	7	4	1	6	5

Hard#24

3	7	5	8	6	1	9	4	2
1	8	4	2	5	9	6	3	7
2	6	9	7	3	4	1	5	8
4	3	2	9	1	5	8	7	6
6	5	1	4	8	7	2	9	3
8	9	7	3	2	6	4	1	5
5	2	8	1	9	3	7	6	4
7	1	3	6	4	2	5	8	9
9	4	6	5	7	8	3	2	1

Hard#25

9	3	8	5	7	6	2	1	4
4	6	7	1	2	9	3	8	5
1	5	2	8	3	4	9	6	7
2	9	1	3	6	7	4	5	8
6	8	4	2	5	1	7	3	9
5	7	3	9	4	8	6	2	1
8	1	6	7	9	2	5	4	3
3	4	9	6	8	5	1	7	2
7	2	5	4	1	3	8	9	6

Hard#26

4	8	7	1	3	2	9	6	5
2	9	6	5	7	4	1	3	8
1	5	3	8	6	9	2	4	7
8	7	9	3	4	1	5	2	6
3	6	4	2	9	5	7	8	1
5	1	2	7	8	6	3	9	4
9	3	1	6	5	8	4	7	2
6	4	5	9	2	7	8	1	3
7	2	8	4	1	3	6	5	9

Hard#27

3	6	8	5	7	9	2	1	4
2	9	1	6	3	4	7	5	8
7	5	4	1	2	8	9	3	6
6	1	7	3	9	2	8	4	5
5	3	9	8	4	6	1	7	2
4	8	2	7	1	5	3	6	9
9	7	6	2	5	1	4	8	3
1	4	5	9	8	3	6	2	7
8	2	3	4	6	7	5	9	1

Hard#28

7	8	2	6	3	1	4	9	5
9	6	5	8	4	2	1	7	3
4	1	3	5	9	7	8	6	2
1	3	9	2	7	8	5	4	6
6	4	8	9	1	5	2	3	7
5	2	7	4	6	3	9	1	8
3	5	1	7	8	9	6	2	4
2	7	6	1	5	4	3	8	9
8	9	4	3	2	6	7	5	1

Hard#29

1	2	6	9	5	7	3	4	8
9	3	8	4	6	2	1	5	7
5	7	4	3	8	1	2	9	6
8	9	1	7	3	4	6	2	5
7	4	2	6	9	5	8	3	1
6	5	3	2	1	8	9	7	4
4	8	7	1	2	3	5	6	9
2	1	9	5	7	6	4	8	3
3	6	5	8	4	9	7	1	2

Hard#30

7	4	3	1	2	9	8	6	5
2	1	6	5	8	3	4	9	7
9	5	8	7	6	4	1	2	3
6	8	7	3	9	1	5	4	2
4	2	9	6	5	8	7	3	1
1	3	5	2	4	7	6	8	9
8	9	2	4	7	5	3	1	6
3	7	4	9	1	6	2	5	8
5	6	1	8	3	2	9	7	4

Hard#31

5	1	9	4	2	6	7	3	8
7	4	3	9	8	1	6	2	5
6	2	8	7	3	5	1	4	9
8	9	5	3	1	2	4	7	6
1	3	4	6	7	9	8	5	2
2	6	7	8	5	4	3	9	1
9	8	6	5	4	3	2	1	7
4	7	1	2	9	8	5	6	3
3	5	2	1	6	7	9	8	4

Hard#32

4	8	2	5	6	7	3	1	9
9	6	7	1	8	3	5	4	2
1	3	5	2	4	9	8	7	6
5	1	3	4	7	6	2	9	8
6	2	9	8	5	1	7	3	4
8	7	4	3	9	2	6	5	1
7	5	8	6	1	4	9	2	3
2	9	1	7	3	8	4	6	5
3	4	6	9	2	5	1	8	7

Hard#33

1	8	3	7	4	5	2	9	6
4	7	9	3	2	6	8	5	1
2	5	6	1	8	9	4	3	7
5	3	1	4	7	2	6	8	9
8	6	2	9	1	3	7	4	5
9	4	7	6	5	8	3	1	2
3	1	8	5	6	7	9	2	4
6	9	4	2	3	1	5	7	8
7	2	5	8	9	4	1	6	3

Hard#34

2	9	5	6	1	3	4	8	7
8	7	1	9	5	4	3	2	6
6	4	3	7	2	8	1	9	5
5	2	9	4	7	1	6	3	8
3	8	7	2	9	6	5	4	1
1	6	4	3	8	5	2	7	9
4	1	2	8	6	9	7	5	3
7	5	8	1	3	2	9	6	4
9	3	6	5	4	7	8	1	2

Hard#35

9	3	5	8	1	2	4	6	7
1	7	8	6	5	4	2	3	9
4	6	2	7	3	9	1	5	8
7	1	6	9	2	8	5	4	3
2	4	3	1	7	5	9	8	6
8	5	9	3	4	6	7	1	2
6	9	4	5	8	7	3	2	1
5	8	1	2	9	3	6	7	4
3	2	7	4	6	1	8	9	5

Hard#36

6	7	3	5	9	4	8	2	1
9	2	1	8	7	3	4	6	5
5	8	4	6	1	2	3	9	7
2	9	5	4	8	1	6	7	3
7	3	8	9	5	6	2	1	4
4	1	6	2	3	7	5	8	9
8	4	7	3	6	9	1	5	2
1	5	2	7	4	8	9	3	6
3	6	9	1	2	5	7	4	8

Hard#37

8	4	9	1	3	6	7	2	5
3	6	2	5	8	7	9	1	4
1	5	7	9	2	4	3	8	6
9	7	3	4	1	2	5	6	8
5	1	4	3	6	8	2	9	7
6	2	8	7	9	5	4	3	1
2	9	5	6	4	1	8	7	3
7	3	6	8	5	9	1	4	2
4	8	1	2	7	3	6	5	9

Hard#38

5	8	3	2	1	7	4	6	9
2	7	4	6	9	8	3	1	5
9	1	6	5	4	3	7	2	8
7	4	8	1	2	9	5	3	6
1	5	9	3	7	6	8	4	2
6	3	2	4	8	5	1	9	7
8	6	7	9	3	4	2	5	1
4	2	5	7	6	1	9	8	3
3	9	1	8	5	2	6	7	4

Hard#39

9	4	3	1	8	7	2	6	5
8	7	5	3	6	2	4	9	1
6	1	2	4	9	5	3	7	8
1	9	8	2	7	4	6	5	3
7	5	6	8	3	1	9	2	4
3	2	4	9	5	6	8	1	7
2	3	7	6	1	8	5	4	9
4	8	1	5	2	9	7	3	6
5	6	9	7	4	3	1	8	2

Hard#40

5	2	8	1	9	7	3	6	4
9	4	3	2	6	5	1	7	8
7	1	6	3	8	4	2	5	9
8	5	9	4	3	1	6	2	7
1	3	7	9	2	6	4	8	5
2	6	4	7	5	8	9	1	3
3	9	1	8	7	2	5	4	6
6	8	2	5	4	3	7	9	1
4	7	5	6	1	9	8	3	2

Hard#41

8	2	5	4	6	7	1	9	3
1	4	3	8	9	5	2	6	7
7	6	9	3	1	2	5	4	8
9	5	7	1	2	8	6	3	4
2	3	8	6	5	4	7	1	9
6	1	4	9	7	3	8	5	2
4	7	2	5	3	1	9	8	6
5	8	6	7	4	9	3	2	1
3	9	1	2	8	6	4	7	5

Hard#42

6	5	7	3	4	9	2	1	8
9	8	1	6	5	2	4	7	3
2	4	3	7	1	8	6	5	9
4	1	9	2	8	7	3	6	5
8	3	2	1	6	5	9	4	7
7	6	5	4	9	3	8	2	1
3	7	8	5	2	4	1	9	6
1	9	4	8	7	6	5	3	2
5	2	6	9	3	1	7	8	4

Hard#43

9	5	2	1	8	4	6	7	3
8	1	7	6	5	3	4	2	9
6	3	4	7	2	9	8	1	5
2	8	3	9	1	6	5	4	7
5	7	1	4	3	8	9	6	2
4	9	6	5	7	2	3	8	1
3	2	9	8	4	7	1	5	6
7	4	5	3	6	1	2	9	8
1	6	8	2	9	5	7	3	4

Hard#44

5	1	3	8	4	7	2	6	9
6	4	2	3	9	5	7	1	8
8	9	7	6	1	2	3	4	5
9	6	1	5	8	3	4	2	7
7	2	5	9	6	4	1	8	3
3	8	4	7	2	1	9	5	6
2	5	9	4	3	6	8	7	1
1	3	6	2	7	8	5	9	4
4	7	8	1	5	9	6	3	2

Hard#45

1	8	6	5	9	4	7	2	3
5	9	2	7	3	6	8	4	1
3	7	4	8	2	1	5	9	6
4	3	7	9	1	8	6	5	2
9	6	8	2	4	5	3	1	7
2	1	5	6	7	3	9	8	4
7	5	1	3	8	2	4	6	9
6	2	9	4	5	7	1	3	8
8	4	3	1	6	9	2	7	5

Hard#46

5	3	7	1	9	4	2	8	6
9	4	8	2	7	6	1	5	3
6	1	2	3	8	5	9	7	4
8	9	3	4	1	7	6	2	5
1	2	5	6	3	9	7	4	8
7	6	4	5	2	8	3	1	9
4	5	1	7	6	3	8	9	2
3	7	9	8	5	2	4	6	1
2	8	6	9	4	1	5	3	7

Hard#47

5	3	4	7	6	2	9	8	1
1	6	9	8	5	4	7	3	2
2	8	7	3	1	9	5	6	4
8	2	3	4	7	5	1	9	6
4	1	5	6	9	8	3	2	7
7	9	6	2	3	1	8	4	5
3	7	2	1	8	6	4	5	9
9	4	1	5	2	3	6	7	8
6	5	8	9	4	7	2	1	3

Hard#48

6	3	4	7	2	5	9	1	8
7	8	1	3	9	4	2	5	6
9	2	5	8	1	6	3	4	7
2	9	8	6	3	1	4	7	5
5	4	6	2	8	7	1	9	3
3	1	7	5	4	9	8	6	2
8	5	9	1	6	2	7	3	4
4	7	3	9	5	8	6	2	1
1	6	2	4	7	3	5	8	9

Hard#49

1	9	8	2	3	6	5	4	7
4	7	2	5	1	8	3	6	9
3	6	5	4	7	9	2	1	8
6	2	9	1	5	4	8	7	3
7	5	1	6	8	3	9	2	4
8	3	4	9	2	7	6	5	1
5	1	7	3	9	2	4	8	6
9	8	6	7	4	5	1	3	2
2	4	3	8	6	1	7	9	5

Hard#50

7	8	4	1	6	9	5	2	3
5	2	6	7	8	3	1	9	4
1	9	3	2	5	4	6	8	7
3	7	5	8	2	6	4	1	9
6	1	8	4	9	7	2	3	5
2	4	9	5	3	1	8	7	6
9	5	2	3	4	8	7	6	1
4	3	7	6	1	2	9	5	8
8	6	1	9	7	5	3	4	2

Hard#51

3	1	4	9	8	7	5	2	6
8	2	9	6	4	5	1	7	3
7	5	6	3	1	2	4	8	9
5	4	7	8	6	9	3	1	2
2	6	1	7	3	4	9	5	8
9	3	8	5	2	1	6	4	7
6	9	2	4	5	8	7	3	1
1	7	5	2	9	3	8	6	4
4	8	3	1	7	6	2	9	5

Hard#52

2	4	5	7	8	1	9	3	6
3	6	7	4	9	2	5	8	1
9	1	8	6	5	3	7	4	2
5	7	4	1	6	9	8	2	3
1	8	3	2	7	4	6	5	9
6	9	2	8	3	5	4	1	7
4	3	9	5	1	6	2	7	8
7	5	1	9	2	8	3	6	4
8	2	6	3	4	7	1	9	5

Hard#53

5	9	2	3	1	7	4	6	8
8	3	7	5	4	6	9	2	1
4	6	1	8	2	9	7	5	3
9	5	6	2	7	3	1	8	4
2	8	3	4	5	1	6	7	9
7	1	4	9	6	8	2	3	5
6	7	9	1	8	5	3	4	2
1	2	5	7	3	4	8	9	6
3	4	8	6	9	2	5	1	7

Hard#54

8	1	3	9	5	4	7	2	6
4	5	7	6	3	2	8	1	9
6	9	2	1	8	7	4	3	5
5	3	1	7	6	8	9	4	2
7	2	8	4	9	3	6	5	1
9	4	6	5	2	1	3	7	8
1	7	9	8	4	5	2	6	3
2	8	4	3	1	6	5	9	7
3	6	5	2	7	9	1	8	4

Hard#55

4	6	9	1	8	5	3	2	7
2	1	3	9	6	7	5	8	4
7	8	5	2	3	4	1	6	9
8	3	6	7	9	1	2	4	5
1	4	2	6	5	3	9	7	8
9	5	7	8	4	2	6	1	3
3	7	1	4	2	9	8	5	6
6	9	4	5	1	8	7	3	2
5	2	8	3	7	6	4	9	1

Hard#56

6	4	3	9	5	2	7	1	8
8	9	1	4	3	7	6	2	5
7	5	2	6	8	1	3	9	4
1	3	9	8	7	4	2	5	6
4	7	5	2	9	6	1	8	3
2	8	6	5	1	3	4	7	9
9	1	7	3	6	8	5	4	2
3	2	8	7	4	5	9	6	1
5	6	4	1	2	9	8	3	7

Hard#57

1	9	8	5	7	2	6	3	4
6	2	7	4	3	9	1	8	5
5	4	3	8	1	6	9	2	7
9	8	1	3	4	5	7	6	2
3	7	2	1	6	8	4	5	9
4	6	5	2	9	7	8	1	3
2	5	4	9	8	1	3	7	6
8	3	6	7	2	4	5	9	1
7	1	9	6	5	3	2	4	8

Hard#58

8	2	6	5	9	7	3	4	1
9	5	4	3	1	6	8	7	2
3	7	1	2	8	4	6	9	5
5	8	2	1	4	3	7	6	9
7	1	9	8	6	5	2	3	4
6	4	3	7	2	9	5	1	8
2	3	5	9	7	1	4	8	6
1	6	8	4	3	2	9	5	7
4	9	7	6	5	8	1	2	3

Hard#59

2	5	7	4	9	6	3	1	8
4	1	9	5	3	8	6	7	2
8	3	6	1	2	7	4	5	9
7	8	4	9	1	2	5	6	3
1	2	3	6	8	5	7	9	4
6	9	5	3	7	4	2	8	1
9	6	1	2	5	3	8	4	7
5	7	2	8	4	9	1	3	6
3	4	8	7	6	1	9	2	5

Hard#60

4	8	3	6	9	1	2	7	5
2	7	5	4	3	8	9	1	6
6	1	9	7	2	5	8	4	3
8	5	4	3	7	9	1	6	2
3	2	1	8	5	6	4	9	7
9	6	7	1	4	2	5	3	8
7	3	2	5	1	4	6	8	9
1	9	6	2	8	7	3	5	4
5	4	8	9	6	3	7	2	1

9x9

Hard#61

6	7	9	1	5	4	2	8	3
3	4	1	9	8	2	5	6	7
8	5	2	3	7	6	9	4	1
4	2	6	8	3	1	7	9	5
7	1	8	5	6	9	3	2	4
9	3	5	2	4	7	6	1	8
1	6	3	4	2	5	8	7	9
2	8	4	7	9	3	1	5	6
5	9	7	6	1	8	4	3	2

Hard#62

1	8	7	2	9	4	5	6	3
6	3	2	7	5	8	4	9	1
4	9	5	3	6	1	2	7	8
8	5	6	4	1	7	3	2	9
2	7	3	9	8	5	1	4	6
9	4	1	6	3	2	7	8	5
5	2	9	1	4	6	8	3	7
7	6	8	5	2	3	9	1	4
3	1	4	8	7	9	6	5	2

Hard#63

1	7	2	8	3	9	6	4	5
3	8	6	4	5	1	7	2	9
5	4	9	7	2	6	1	3	8
7	6	3	9	8	2	4	5	1
8	9	5	3	1	4	2	7	6
2	1	4	5	6	7	8	9	3
9	3	1	2	4	8	5	6	7
4	5	8	6	7	3	9	1	2
6	2	7	1	9	5	3	8	4

Hard#64

5	4	6	8	3	1	7	9	2
2	8	9	7	4	6	5	3	1
7	3	1	5	2	9	6	8	4
8	6	7	3	9	2	4	1	5
9	5	2	1	7	4	8	6	3
4	1	3	6	8	5	9	2	7
3	7	4	2	6	8	1	5	9
1	2	8	9	5	7	3	4	6
6	9	5	4	1	3	2	7	8

Hard#65

7	9	4	3	5	1	6	8	2
3	1	6	2	4	8	5	9	7
8	2	5	9	6	7	1	4	3
6	4	3	1	7	2	9	5	8
9	7	1	5	8	3	2	6	4
5	8	2	4	9	6	3	7	1
2	5	7	8	1	9	4	3	6
4	3	8	6	2	5	7	1	9
1	6	9	7	3	4	8	2	5

Hard#66

2	3	7	1	8	6	5	9	4
1	5	8	3	4	9	2	6	7
6	4	9	5	2	7	8	3	1
4	6	1	9	3	8	7	2	5
9	2	3	7	5	4	1	8	6
7	8	5	2	6	1	9	4	3
5	7	4	8	9	3	6	1	2
8	1	6	4	7	2	3	5	9
3	9	2	6	1	5	4	7	8

9x9

Hard#67

7	9	3	8	5	2	1	6	4
5	8	2	6	1	4	9	7	3
1	4	6	3	7	9	8	5	2
3	1	5	2	6	7	4	8	9
4	7	9	5	3	8	2	1	6
6	2	8	4	9	1	7	3	5
9	5	1	7	4	6	3	2	8
2	6	7	9	8	3	5	4	1
8	3	4	1	2	5	6	9	7

Hard#68

7	6	3	5	9	1	8	2	4
8	5	2	4	6	3	7	1	9
4	9	1	2	8	7	6	5	3
3	4	6	7	2	8	5	9	1
9	2	5	6	1	4	3	7	8
1	8	7	3	5	9	2	4	6
6	3	4	1	7	2	9	8	5
2	1	9	8	3	5	4	6	7
5	7	8	9	4	6	1	3	2

Hard#69

9	8	5	2	7	6	3	1	4
6	2	4	1	3	5	9	8	7
3	1	7	8	9	4	2	6	5
7	4	3	5	1	2	8	9	6
1	9	2	6	8	7	5	4	3
5	6	8	9	4	3	7	2	1
2	5	9	7	6	1	4	3	8
8	3	6	4	5	9	1	7	2
4	7	1	3	2	8	6	5	9

Hard#70

9	4	6	2	7	3	5	8	1
7	5	8	1	6	9	4	2	3
2	3	1	8	4	5	9	7	6
6	9	3	5	8	2	7	1	4
1	8	4	6	3	7	2	5	9
5	2	7	9	1	4	3	6	8
3	1	9	7	2	8	6	4	5
4	6	2	3	5	1	8	9	7
8	7	5	4	9	6	1	3	2

Hard#71

9	6	3	8	4	5	7	1	2
2	5	1	6	7	3	9	4	8
4	7	8	1	9	2	3	5	6
8	3	6	2	5	9	4	7	1
7	2	9	4	3	1	8	6	5
5	1	4	7	6	8	2	9	3
1	4	7	3	2	6	5	8	9
3	8	5	9	1	4	6	2	7
6	9	2	5	8	7	1	3	4

Hard#72

1	5	4	6	8	3	7	2	9
6	7	2	5	1	9	3	8	4
9	8	3	7	2	4	5	6	1
5	2	8	4	9	1	6	7	3
7	6	9	8	3	5	1	4	2
3	4	1	2	7	6	9	5	8
4	3	5	9	6	8	2	1	7
2	1	6	3	4	7	8	9	5
8	9	7	1	5	2	4	3	6

9x9

Hard#73

1	4	9	5	2	8	3	7	6
6	2	3	7	1	4	9	5	8
7	8	5	3	9	6	4	1	2
8	9	7	2	4	1	6	3	5
3	5	6	9	8	7	1	2	4
2	1	4	6	5	3	7	8	9
9	7	1	8	6	2	5	4	3
4	6	2	1	3	5	8	9	7
5	3	8	4	7	9	2	6	1

Hard#74

8	3	2	7	9	1	6	4	5
7	1	4	3	6	5	2	9	8
9	6	5	4	2	8	7	1	3
5	9	1	8	4	7	3	2	6
3	8	7	6	1	2	4	5	9
2	4	6	5	3	9	8	7	1
1	7	9	2	8	6	5	3	4
6	5	3	9	7	4	1	8	2
4	2	8	1	5	3	9	6	7

Hard#75

2	4	9	1	3	5	8	7	6
1	5	6	8	7	4	2	3	9
7	3	8	9	6	2	5	1	4
8	6	5	3	1	9	4	2	7
4	9	1	2	8	7	3	6	5
3	2	7	4	5	6	9	8	1
5	1	2	7	4	3	6	9	8
6	7	3	5	9	8	1	4	2
9	8	4	6	2	1	7	5	3

Hard#76

2	5	4	6	1	7	3	8	9
9	1	6	8	5	3	7	2	4
8	3	7	2	9	4	6	5	1
6	2	5	7	4	1	8	9	3
7	8	9	5	3	6	4	1	2
1	4	3	9	2	8	5	6	7
3	9	2	4	6	5	1	7	8
5	7	1	3	8	2	9	4	6
4	6	8	1	7	9	2	3	5

Hard#77

9	8	2	1	4	5	6	7	3
5	3	6	7	9	2	8	1	4
7	4	1	6	8	3	5	9	2
6	5	8	2	3	1	9	4	7
4	1	7	5	6	9	2	3	8
3	2	9	8	7	4	1	6	5
2	7	3	9	5	6	4	8	1
1	6	4	3	2	8	7	5	9
8	9	5	4	1	7	3	2	6

Hard#78

5	1	8	2	3	4	7	9	6
6	9	3	8	5	7	4	1	2
7	4	2	6	9	1	3	5	8
4	2	6	7	8	9	5	3	1
1	5	7	3	4	6	2	8	9
3	8	9	5	1	2	6	7	4
8	7	4	1	2	5	9	6	3
2	6	1	9	7	3	8	4	5
9	3	5	4	6	8	1	2	7

Hard#79

4	5	2	8	9	7	6	3	1
8	9	1	6	3	4	5	7	2
6	7	3	2	5	1	8	9	4
9	3	6	5	1	2	4	8	7
5	2	7	4	8	6	3	1	9
1	8	4	9	7	3	2	5	6
7	6	8	3	2	9	1	4	5
3	4	9	1	6	5	7	2	8
2	1	5	7	4	8	9	6	3

Hard#80

7	3	6	5	4	2	8	9	1
1	2	5	6	9	8	4	7	3
8	4	9	3	7	1	5	2	6
2	1	8	9	6	4	3	5	7
3	9	4	1	5	7	2	6	8
6	5	7	8	2	3	9	1	4
4	6	2	7	8	5	1	3	9
9	8	1	2	3	6	7	4	5
5	7	3	4	1	9	6	8	2

Super-Hard#1

2	4	7	8	9	3	6	1	5
5	8	3	6	4	1	7	9	2
9	6	1	7	5	2	4	3	8
7	5	8	1	6	9	2	4	3
6	1	4	3	2	5	9	8	7
3	2	9	4	7	8	1	5	6
8	7	2	5	1	4	3	6	9
4	3	6	9	8	7	5	2	1
1	9	5	2	3	6	8	7	4

Super-Hard#2

6	5	3	4	8	1	7	9	2
7	4	2	9	5	3	8	1	6
1	9	8	6	7	2	3	4	5
3	7	6	5	2	9	4	8	1
2	8	9	1	3	4	5	6	7
5	1	4	7	6	8	2	3	9
9	3	5	8	1	7	6	2	4
4	2	7	3	9	6	1	5	8
8	6	1	2	4	5	9	7	3

Super-Hard#3

1	2	6	8	3	9	7	4	5
4	9	8	5	7	2	6	1	3
3	7	5	6	1	4	2	8	9
7	4	3	2	5	8	9	6	1
8	5	1	7	9	6	4	3	2
2	6	9	1	4	3	5	7	8
6	1	7	3	2	5	8	9	4
9	3	2	4	8	7	1	5	6
5	8	4	9	6	1	3	2	7

Super-Hard#4

8	5	9	3	2	7	4	6	1
1	7	2	4	6	5	9	3	8
3	6	4	1	9	8	2	7	5
6	8	3	5	4	9	7	1	2
5	4	1	7	8	2	3	9	6
2	9	7	6	1	3	5	8	4
9	1	5	2	7	6	8	4	3
4	3	8	9	5	1	6	2	7
7	2	6	8	3	4	1	5	9

Super-Hard#5

2	3	1	4	9	8	5	7	6
8	6	9	5	1	7	4	2	3
7	4	5	2	3	6	9	1	8
3	5	7	8	6	4	1	9	2
6	9	8	7	2	1	3	4	5
1	2	4	9	5	3	6	8	7
9	1	6	3	8	2	7	5	4
4	8	3	1	7	5	2	6	9
5	7	2	6	4	9	8	3	1

Super-Hard#6

6	8	1	5	3	9	4	2	7
5	7	4	8	6	2	3	1	9
2	9	3	4	1	7	6	8	5
8	4	9	7	5	6	2	3	1
3	5	2	9	4	1	8	7	6
7	1	6	2	8	3	5	9	4
1	6	7	3	2	4	9	5	8
9	2	5	6	7	8	1	4	3
4	3	8	1	9	5	7	6	2

Super-Hard#7

3	7	8	6	5	9	4	1	2
9	5	6	1	2	4	7	3	8
1	2	4	7	3	8	6	5	9
6	9	7	3	8	2	1	4	5
8	3	1	5	4	7	2	9	6
2	4	5	9	1	6	3	8	7
4	8	9	2	6	1	5	7	3
7	6	3	4	9	5	8	2	1
5	1	2	8	7	3	9	6	4

Super-Hard#8

8	1	9	5	3	4	2	7	6
2	6	5	7	1	9	8	3	4
4	3	7	8	6	2	5	9	1
7	9	4	3	8	6	1	2	5
3	5	8	2	4	1	7	6	9
1	2	6	9	7	5	3	4	8
9	7	3	6	5	8	4	1	2
6	8	1	4	2	3	9	5	7
5	4	2	1	9	7	6	8	3

Super-Hard#9

1	8	7	3	2	9	5	6	4
9	4	3	8	5	6	1	7	2
6	5	2	4	1	7	8	3	9
8	2	1	6	4	5	7	9	3
4	3	5	9	7	2	6	8	1
7	9	6	1	3	8	4	2	5
2	1	8	7	9	4	3	5	6
3	7	9	5	6	1	2	4	8
5	6	4	2	8	3	9	1	7

Super-Hard#10

6	2	9	7	3	1	4	5	8
8	1	5	9	4	2	6	7	3
3	7	4	8	5	6	2	9	1
9	6	1	3	2	8	7	4	5
5	8	7	6	1	4	3	2	9
4	3	2	5	9	7	8	1	6
2	9	3	4	8	5	1	6	7
1	5	6	2	7	3	9	8	4
7	4	8	1	6	9	5	3	2

9x9

Super-Hard#11

9	6	3	2	8	4	5	1	7
7	4	8	3	5	1	2	9	6
1	5	2	7	6	9	3	8	4
4	3	7	8	1	2	6	5	9
8	2	5	9	4	6	7	3	1
6	1	9	5	7	3	8	4	2
2	8	4	1	3	7	9	6	5
3	7	1	6	9	5	4	2	8
5	9	6	4	2	8	1	7	3

Super-Hard#12

4	7	2	3	8	6	5	1	9
1	9	8	5	4	7	3	2	6
3	5	6	2	1	9	7	8	4
9	6	5	1	2	4	8	3	7
2	3	7	8	9	5	4	6	1
8	4	1	6	7	3	9	5	2
6	8	4	9	5	2	1	7	3
5	2	9	7	3	1	6	4	8
7	1	3	4	6	8	2	9	5

Super-Hard#13

7	4	3	6	2	9	5	1	8
9	6	8	7	1	5	2	4	3
1	5	2	4	8	3	9	7	6
6	3	5	2	4	1	8	9	7
8	9	7	5	3	6	4	2	1
4	2	1	9	7	8	3	6	5
3	8	4	1	9	7	6	5	2
5	7	9	8	6	2	1	3	4
2	1	6	3	5	4	7	8	9

Super-Hard#14

5	8	7	3	2	9	1	6	4
9	2	4	8	6	1	3	7	5
6	3	1	7	4	5	8	9	2
7	5	8	4	3	6	2	1	9
4	9	6	2	1	8	5	3	7
2	1	3	9	5	7	4	8	6
3	6	2	1	9	4	7	5	8
1	7	9	5	8	2	6	4	3
8	4	5	6	7	3	9	2	1

Super-Hard#15

1	3	5	6	8	7	4	9	2
6	4	9	2	3	1	8	7	5
8	7	2	5	4	9	6	3	1
7	6	1	3	9	8	2	5	4
3	2	4	7	1	5	9	6	8
5	9	8	4	6	2	7	1	3
9	1	7	8	5	4	3	2	6
2	8	6	1	7	3	5	4	9
4	5	3	9	2	6	1	8	7

Super-Hard#16

9	1	6	7	8	3	4	5	2
3	4	2	9	5	6	7	1	8
8	5	7	4	1	2	9	6	3
6	3	1	5	7	8	2	4	9
7	2	9	6	3	4	1	8	5
4	8	5	2	9	1	3	7	6
5	9	4	8	2	7	6	3	1
2	6	3	1	4	5	8	9	7
1	7	8	3	6	9	5	2	4

Super-Hard#17

9	8	1	4	7	5	2	6	3
3	4	5	2	6	8	7	9	1
6	7	2	3	9	1	4	5	8
7	9	8	1	5	6	3	2	4
5	3	4	9	2	7	1	8	6
2	1	6	8	4	3	9	7	5
8	5	9	7	3	4	6	1	2
1	2	3	6	8	9	5	4	7
4	6	7	5	1	2	8	3	9

Super-Hard#18

4	5	7	9	6	3	8	1	2
1	8	6	5	7	2	3	4	9
2	9	3	8	4	1	7	6	5
8	4	1	3	2	5	9	7	6
9	7	2	6	1	4	5	8	3
6	3	5	7	9	8	1	2	4
5	1	9	2	8	6	4	3	7
3	6	4	1	5	7	2	9	8
7	2	8	4	3	9	6	5	1

Super-Hard#19

4	9	8	5	6	1	7	2	3
3	1	2	7	9	4	5	6	8
5	6	7	8	2	3	4	1	9
6	3	1	2	7	5	8	9	4
2	8	4	9	3	6	1	7	5
9	7	5	4	1	8	6	3	2
7	4	6	3	5	2	9	8	1
8	2	9	1	4	7	3	5	6
1	5	3	6	8	9	2	4	7

Super-Hard#20

8	5	9	7	2	3	4	1	6
3	7	4	6	8	1	9	2	5
2	1	6	5	4	9	7	8	3
7	9	5	3	1	6	2	4	8
1	6	2	8	7	4	5	3	9
4	3	8	9	5	2	1	6	7
5	8	1	4	3	7	6	9	2
6	4	3	2	9	5	8	7	1
9	2	7	1	6	8	3	5	4

Super-Hard#21

7	6	4	9	3	1	5	8	2
2	8	9	6	5	7	3	4	1
1	3	5	2	8	4	6	9	7
8	2	6	5	1	3	9	7	4
5	1	7	4	9	6	8	2	3
9	4	3	8	7	2	1	5	6
6	5	1	7	2	8	4	3	9
4	7	8	3	6	9	2	1	5
3	9	2	1	4	5	7	6	8

Super-Hard#22

7	8	1	9	3	6	2	4	5
5	4	6	8	2	7	1	3	9
2	3	9	4	1	5	6	8	7
6	5	4	2	7	9	3	1	8
1	9	3	5	4	8	7	2	6
8	7	2	3	6	1	5	9	4
3	1	8	7	5	4	9	6	2
9	2	5	6	8	3	4	7	1
4	6	7	1	9	2	8	5	3

Super-Hard#23

7	1	2	9	8	6	5	4	3
9	4	8	3	2	5	6	1	7
6	5	3	7	1	4	2	9	8
5	6	9	4	7	1	8	3	2
8	2	4	5	3	9	1	7	6
1	3	7	2	6	8	9	5	4
2	7	1	8	5	3	4	6	9
4	8	5	6	9	7	3	2	1
3	9	6	1	4	2	7	8	5

Super-Hard#24

9	8	7	2	6	3	4	5	1
2	5	4	1	7	9	8	6	3
6	1	3	4	5	8	2	7	9
4	9	2	8	3	5	6	1	7
5	7	1	6	9	2	3	8	4
8	3	6	7	1	4	5	9	2
7	4	5	3	8	1	9	2	6
1	2	9	5	4	6	7	3	8
3	6	8	9	2	7	1	4	5

Super-Hard#25

3	7	5	2	8	1	6	4	9
2	9	8	4	6	5	7	1	3
1	6	4	7	3	9	5	2	8
9	4	7	1	2	3	8	5	6
6	3	2	5	4	8	1	9	7
5	8	1	9	7	6	2	3	4
7	2	6	3	5	4	9	8	1
8	1	3	6	9	2	4	7	5
4	5	9	8	1	7	3	6	2

Super-Hard#26

6	4	9	2	5	7	1	3	8
7	3	8	6	1	4	9	5	2
2	1	5	8	9	3	7	4	6
3	2	1	7	4	5	6	8	9
9	8	4	1	3	6	2	7	5
5	6	7	9	2	8	3	1	4
1	9	3	4	8	2	5	6	7
4	7	2	5	6	1	8	9	3
8	5	6	3	7	9	4	2	1

Super-Hard#27

5	2	7	3	9	4	6	8	1
3	4	1	6	7	8	5	2	9
9	8	6	1	2	5	4	3	7
6	7	9	8	4	3	2	1	5
8	1	5	7	6	2	3	9	4
4	3	2	5	1	9	8	7	6
1	5	3	9	8	6	7	4	2
7	6	4	2	3	1	9	5	8
2	9	8	4	5	7	1	6	3

Super-Hard#28

3	5	7	9	6	2	4	1	8
4	6	9	1	7	8	5	3	2
1	8	2	5	4	3	6	9	7
2	3	5	8	9	4	7	6	1
7	1	4	2	5	6	9	8	3
8	9	6	7	3	1	2	4	5
5	2	3	6	1	9	8	7	4
9	4	8	3	2	7	1	5	6
6	7	1	4	8	5	3	2	9

Super-Hard#29

6	3	9	2	8	5	1	4	7
5	1	8	9	4	7	2	3	6
7	4	2	1	3	6	8	9	5
8	5	1	3	7	2	4	6	9
3	9	6	8	5	4	7	2	1
2	7	4	6	9	1	3	5	8
9	2	5	4	1	8	6	7	3
4	8	7	5	6	3	9	1	2
1	6	3	7	2	9	5	8	4

Super-Hard#30

9	4	6	2	3	7	8	5	1
7	8	5	1	9	4	6	3	2
2	1	3	8	6	5	4	9	7
4	6	9	3	5	2	1	7	8
8	7	2	6	1	9	3	4	5
5	3	1	4	7	8	9	2	6
3	2	8	5	4	1	7	6	9
6	5	7	9	8	3	2	1	4
1	9	4	7	2	6	5	8	3

Super-Hard#31

9	6	1	4	2	5	8	7	3
3	5	2	7	9	8	4	6	1
7	8	4	6	3	1	9	2	5
2	7	5	9	8	3	1	4	6
6	9	8	2	1	4	3	5	7
4	1	3	5	7	6	2	9	8
1	4	7	3	5	9	6	8	2
5	3	9	8	6	2	7	1	4
8	2	6	1	4	7	5	3	9

Super-Hard#32

6	1	2	7	3	4	9	8	5
4	8	5	9	6	1	7	2	3
7	9	3	8	5	2	1	6	4
2	3	1	4	9	5	6	7	8
5	6	9	1	7	8	3	4	2
8	7	4	3	2	6	5	9	1
1	4	7	5	8	9	2	3	6
3	5	6	2	4	7	8	1	9
9	2	8	6	1	3	4	5	7

Super-Hard#33

7	1	4	2	3	8	5	9	6
2	3	9	5	6	4	1	7	8
5	8	6	9	1	7	2	4	3
3	4	2	1	9	6	8	5	7
9	6	7	4	8	5	3	2	1
1	5	8	7	2	3	9	6	4
8	9	5	6	4	1	7	3	2
4	2	3	8	7	9	6	1	5
6	7	1	3	5	2	4	8	9

Super-Hard#34

6	3	4	9	8	2	5	1	7
5	9	2	6	7	1	3	4	8
7	1	8	4	5	3	9	6	2
9	2	1	5	4	8	7	3	6
8	7	6	2	3	9	4	5	1
4	5	3	7	1	6	2	8	9
2	8	9	3	6	5	1	7	4
3	6	7	1	9	4	8	2	5
1	4	5	8	2	7	6	9	3

Super-Hard#35

9	7	1	3	4	2	6	8	5
4	6	3	8	5	1	7	2	9
2	8	5	7	9	6	4	3	1
7	3	6	9	2	5	8	1	4
1	5	9	4	6	8	3	7	2
8	4	2	1	7	3	9	5	6
3	2	7	6	1	9	5	4	8
5	9	4	2	8	7	1	6	3
6	1	8	5	3	4	2	9	7

Super-Hard#36

4	9	1	8	2	7	3	6	5
3	7	8	5	6	9	4	2	1
5	2	6	1	3	4	8	9	7
9	3	5	2	4	8	1	7	6
2	8	4	7	1	6	9	5	3
6	1	7	3	9	5	2	4	8
1	4	2	6	5	3	7	8	9
7	6	9	4	8	1	5	3	2
8	5	3	9	7	2	6	1	4

Super-Hard#37

7	4	1	2	3	6	9	8	5
3	9	2	5	4	8	7	6	1
5	6	8	7	1	9	3	4	2
9	8	4	1	2	5	6	7	3
1	3	5	4	6	7	2	9	8
6	2	7	8	9	3	1	5	4
4	7	9	3	8	2	5	1	6
8	5	3	6	7	1	4	2	9
2	1	6	9	5	4	8	3	7

Super-Hard#38

7	8	4	5	3	6	9	2	1
3	5	2	1	9	8	6	7	4
1	6	9	4	7	2	3	5	8
9	3	1	8	5	7	2	4	6
8	4	6	3	2	9	7	1	5
2	7	5	6	1	4	8	9	3
5	2	8	9	6	1	4	3	7
4	1	7	2	8	3	5	6	9
6	9	3	7	4	5	1	8	2

Super-Hard#39

9	6	7	3	1	8	2	5	4
1	4	8	9	2	5	6	3	7
3	2	5	7	4	6	1	8	9
2	8	3	6	7	4	5	9	1
7	9	6	1	5	2	8	4	3
4	5	1	8	3	9	7	6	2
6	7	2	4	8	3	9	1	5
8	1	4	5	9	7	3	2	6
5	3	9	2	6	1	4	7	8

Super-Hard#40

4	1	6	9	2	5	3	7	8
2	9	7	4	8	3	1	6	5
8	3	5	7	6	1	4	2	9
6	2	9	5	7	4	8	3	1
7	5	1	8	3	6	9	4	2
3	8	4	2	1	9	6	5	7
1	7	2	3	4	8	5	9	6
5	4	8	6	9	7	2	1	3
9	6	3	1	5	2	7	8	4

Super-Hard#41

7	4	6	8	5	9	3	2	1
1	9	5	2	3	4	7	8	6
8	2	3	7	1	6	9	5	4
5	1	8	4	9	3	2	6	7
2	6	7	1	8	5	4	9	3
9	3	4	6	7	2	5	1	8
6	7	2	9	4	1	8	3	5
4	5	1	3	2	8	6	7	9
3	8	9	5	6	7	1	4	2

Super-Hard#42

2	8	6	7	5	1	3	4	9
9	7	5	8	3	4	6	2	1
3	4	1	2	9	6	7	5	8
8	1	7	5	6	2	9	3	4
4	2	9	1	7	3	8	6	5
5	6	3	4	8	9	2	1	7
1	9	2	6	4	8	5	7	3
6	5	8	3	1	7	4	9	2
7	3	4	9	2	5	1	8	6

Super-Hard#43

7	2	9	1	4	6	3	8	5
4	5	3	7	2	8	9	1	6
6	1	8	5	3	9	4	2	7
5	8	1	6	7	4	2	9	3
9	4	6	3	1	2	5	7	8
2	3	7	8	9	5	6	4	1
8	6	4	2	5	7	1	3	9
1	9	5	4	8	3	7	6	2
3	7	2	9	6	1	8	5	4

Super-Hard#44

3	1	4	2	5	8	6	7	9
5	8	9	6	7	1	2	3	4
2	7	6	3	9	4	5	1	8
6	4	2	8	1	3	7	9	5
1	5	8	7	2	9	4	6	3
7	9	3	5	4	6	1	8	2
8	2	1	9	6	5	3	4	7
4	3	5	1	8	7	9	2	6
9	6	7	4	3	2	8	5	1

Super-Hard#45

3	8	9	6	1	2	7	5	4
7	4	1	5	8	3	6	9	2
2	5	6	4	9	7	8	1	3
9	6	3	7	5	4	1	2	8
8	1	4	9	2	6	3	7	5
5	7	2	1	3	8	9	4	6
1	3	7	8	4	5	2	6	9
6	2	5	3	7	9	4	8	1
4	9	8	2	6	1	5	3	7

Super-Hard#46

3	4	9	1	2	7	8	5	6
8	6	7	4	5	9	1	2	3
2	5	1	3	8	6	4	9	7
1	9	4	5	6	3	7	8	2
7	3	8	9	1	2	5	6	4
6	2	5	8	7	4	3	1	9
9	1	3	6	4	8	2	7	5
5	7	6	2	3	1	9	4	8
4	8	2	7	9	5	6	3	1

Super-Hard#47

3	7	2	8	6	9	4	5	1
9	8	5	4	1	2	7	6	3
4	1	6	7	3	5	8	9	2
6	3	7	5	9	8	2	1	4
1	2	9	6	4	3	5	8	7
8	5	4	1	2	7	9	3	6
7	6	1	9	5	4	3	2	8
5	4	3	2	8	6	1	7	9
2	9	8	3	7	1	6	4	5

Super-Hard#48

4	1	8	9	6	2	3	7	5
7	2	6	4	5	3	8	9	1
9	5	3	7	1	8	6	2	4
6	9	2	5	3	4	7	1	8
8	4	5	1	2	7	9	6	3
1	3	7	6	8	9	5	4	2
3	6	1	2	7	5	4	8	9
2	8	4	3	9	6	1	5	7
5	7	9	8	4	1	2	3	6

Super-Hard#49

6	4	5	1	9	3	2	8	7
2	9	8	4	7	5	6	1	3
3	1	7	6	8	2	5	4	9
9	8	1	7	5	6	3	2	4
5	6	3	2	4	9	8	7	1
7	2	4	8	3	1	9	5	6
8	3	6	5	1	7	4	9	2
1	5	9	3	2	4	7	6	8
4	7	2	9	6	8	1	3	5

Super-Hard#50

2	8	9	4	5	6	7	1	3
4	6	3	8	7	1	5	9	2
7	1	5	2	3	9	4	6	8
5	9	7	3	6	4	2	8	1
6	2	1	7	9	8	3	5	4
8	3	4	5	1	2	6	7	9
1	4	2	6	8	7	9	3	5
9	5	6	1	2	3	8	4	7
3	7	8	9	4	5	1	2	6

Super-Hard#51

8	7	9	3	5	4	2	1	6
1	5	2	9	6	7	4	3	8
6	4	3	2	8	1	5	9	7
3	8	4	5	7	2	1	6	9
7	1	5	6	3	9	8	2	4
2	9	6	4	1	8	3	7	5
4	2	8	1	9	6	7	5	3
5	6	1	7	4	3	9	8	2
9	3	7	8	2	5	6	4	1

Super-Hard#52

4	6	1	8	3	9	5	2	7
9	5	7	1	6	2	3	4	8
2	8	3	7	4	5	6	1	9
3	4	6	5	1	8	9	7	2
8	1	9	2	7	6	4	3	5
5	7	2	4	9	3	8	6	1
7	2	8	6	5	4	1	9	3
1	3	4	9	8	7	2	5	6
6	9	5	3	2	1	7	8	4

9x9

Super-Hard#53

2	8	5	4	6	1	7	3	9
1	3	6	8	9	7	4	5	2
7	4	9	2	5	3	8	6	1
4	5	3	9	2	8	1	7	6
6	1	8	7	3	4	2	9	5
9	2	7	6	1	5	3	4	8
3	6	1	5	4	2	9	8	7
5	7	2	3	8	9	6	1	4
8	9	4	1	7	6	5	2	3

Super-Hard#54

8	6	7	4	3	9	1	2	5
3	2	5	1	7	8	9	4	6
4	1	9	6	5	2	8	7	3
7	9	1	5	2	4	6	3	8
2	4	8	3	9	6	5	1	7
6	5	3	8	1	7	2	9	4
5	3	6	9	4	1	7	8	2
1	8	2	7	6	3	4	5	9
9	7	4	2	8	5	3	6	1

Super-Hard#55

5	6	2	8	1	7	4	3	9
9	4	7	3	5	2	1	6	8
3	8	1	6	4	9	2	5	7
1	5	9	7	8	3	6	2	4
4	7	6	2	9	1	3	8	5
8	2	3	5	6	4	7	9	1
7	9	8	4	2	6	5	1	3
6	3	5	1	7	8	9	4	2
2	1	4	9	3	5	8	7	6

Super-Hard#56

1	6	5	9	8	7	4	2	3
3	2	8	4	6	1	9	5	7
7	4	9	2	5	3	6	8	1
8	3	2	7	1	9	5	4	6
4	5	7	6	3	2	1	9	8
6	9	1	5	4	8	3	7	2
2	7	4	1	9	6	8	3	5
9	8	6	3	2	5	7	1	4
5	1	3	8	7	4	2	6	9

Super-Hard#57

6	3	2	8	5	4	9	1	7
4	5	8	9	1	7	3	6	2
7	1	9	6	3	2	8	5	4
1	2	3	5	6	9	7	4	8
8	6	4	3	7	1	2	9	5
5	9	7	2	4	8	1	3	6
2	4	1	7	9	5	6	8	3
9	7	6	4	8	3	5	2	1
3	8	5	1	2	6	4	7	9

Super-Hard#58

4	8	6	9	3	1	2	7	5
1	9	7	6	2	5	3	4	8
3	5	2	4	8	7	6	9	1
9	2	4	5	7	6	8	1	3
7	6	8	3	1	9	4	5	2
5	1	3	8	4	2	9	6	7
8	4	9	7	5	3	1	2	6
2	3	5	1	6	4	7	8	9
6	7	1	2	9	8	5	3	4

Super-Hard#59

1	8	5	2	9	6	7	3	4
2	4	7	1	3	5	8	6	9
6	9	3	4	7	8	5	1	2
5	7	8	6	1	4	2	9	3
9	2	4	3	8	7	6	5	1
3	1	6	5	2	9	4	8	7
8	5	1	7	4	3	9	2	6
4	3	9	8	6	2	1	7	5
7	6	2	9	5	1	3	4	8

Super-Hard#60

1	2	5	7	4	6	8	9	3
8	3	7	2	5	9	1	6	4
9	4	6	1	8	3	5	2	7
7	8	2	9	1	5	3	4	6
5	6	4	8	3	2	9	7	1
3	9	1	4	6	7	2	5	8
6	7	9	3	2	8	4	1	5
4	5	3	6	9	1	7	8	2
2	1	8	5	7	4	6	3	9

Super-Hard#61

8	3	7	2	1	9	4	5	6
5	2	9	4	7	6	1	8	3
4	1	6	8	3	5	2	9	7
3	9	2	5	6	7	8	1	4
7	6	4	1	8	2	9	3	5
1	8	5	3	9	4	6	7	2
2	4	1	9	5	3	7	6	8
6	5	8	7	2	1	3	4	9
9	7	3	6	4	8	5	2	1

Super-Hard#62

8	1	7	3	9	5	2	4	6
6	5	2	4	8	1	9	7	3
3	9	4	7	6	2	5	1	8
7	6	9	5	1	8	4	3	2
4	3	5	2	7	9	6	8	1
2	8	1	6	3	4	7	9	5
5	7	8	9	2	3	1	6	4
1	4	6	8	5	7	3	2	9
9	2	3	1	4	6	8	5	7

Super-Hard#63

3	4	8	9	6	5	2	1	7
6	2	7	8	4	1	5	9	3
5	1	9	3	2	7	6	8	4
2	8	5	6	9	4	3	7	1
1	7	4	2	5	3	8	6	9
9	6	3	7	1	8	4	5	2
8	5	1	4	3	9	7	2	6
7	3	6	1	8	2	9	4	5
4	9	2	5	7	6	1	3	8

Super-Hard#64

3	4	2	1	7	8	9	6	5
6	5	7	4	9	2	3	8	1
8	1	9	3	5	6	4	2	7
4	9	1	5	6	7	8	3	2
2	3	5	9	8	4	7	1	6
7	8	6	2	3	1	5	9	4
5	2	8	7	1	3	6	4	9
9	6	4	8	2	5	1	7	3
1	7	3	6	4	9	2	5	8

9x9

Super-Hard#65

2	7	3	1	5	9	8	4	6
6	9	5	8	3	4	7	2	1
8	1	4	6	7	2	9	5	3
4	5	6	9	1	7	3	8	2
7	2	9	5	8	3	6	1	4
1	3	8	4	2	6	5	7	9
3	4	1	7	6	5	2	9	8
9	6	7	2	4	8	1	3	5
5	8	2	3	9	1	4	6	7

Super-Hard#66

3	7	9	2	4	6	8	1	5
8	4	5	3	7	1	2	6	9
2	6	1	5	8	9	3	7	4
9	2	6	7	1	5	4	8	3
1	5	3	4	9	8	7	2	6
7	8	4	6	3	2	5	9	1
5	3	2	1	6	7	9	4	8
6	9	7	8	5	4	1	3	2
4	1	8	9	2	3	6	5	7

Super-Hard#67

2	5	1	7	4	9	3	6	8
9	4	8	3	6	1	2	7	5
6	7	3	5	8	2	1	9	4
1	9	5	2	7	4	6	8	3
4	3	6	1	9	8	5	2	7
8	2	7	6	5	3	9	4	1
3	8	4	9	2	5	7	1	6
7	1	2	4	3	6	8	5	9
5	6	9	8	1	7	4	3	2

Super-Hard#68

7	3	6	8	2	5	1	9	4
4	1	5	6	3	9	7	8	2
9	2	8	4	1	7	6	3	5
3	8	9	7	5	4	2	6	1
1	5	2	3	6	8	9	4	7
6	4	7	1	9	2	3	5	8
2	9	1	5	8	6	4	7	3
8	7	3	9	4	1	5	2	6
5	6	4	2	7	3	8	1	9

Super-Hard#69

9	5	2	1	3	8	4	7	6
4	8	1	7	6	2	3	5	9
6	3	7	4	9	5	2	1	8
7	4	6	8	1	9	5	2	3
1	2	8	3	5	7	6	9	4
5	9	3	6	2	4	7	8	1
8	7	9	2	4	3	1	6	5
3	1	5	9	7	6	8	4	2
2	6	4	5	8	1	9	3	7

Super-Hard#70

7	1	2	5	4	3	6	8	9
5	8	6	7	9	2	4	1	3
3	4	9	6	8	1	2	5	7
4	5	3	8	1	7	9	2	6
8	6	1	9	2	4	3	7	5
2	9	7	3	5	6	8	4	1
6	2	5	1	3	8	7	9	4
1	3	4	2	7	9	5	6	8
9	7	8	4	6	5	1	3	2

9x9

Super-Hard#71

4	1	6	7	2	5	3	9	8
3	2	9	4	8	6	1	5	7
7	8	5	3	1	9	4	2	6
2	9	3	1	4	7	6	8	5
1	7	8	5	6	2	9	4	3
5	6	4	9	3	8	7	1	2
8	4	7	6	5	1	2	3	9
6	3	2	8	9	4	5	7	1
9	5	1	2	7	3	8	6	4

Super-Hard#72

2	4	1	5	6	8	7	3	9
5	8	3	2	7	9	1	4	6
7	9	6	4	3	1	8	5	2
6	3	7	1	9	4	5	2	8
1	2	8	3	5	6	4	9	7
9	5	4	7	8	2	3	6	1
4	6	5	9	1	7	2	8	3
8	1	2	6	4	3	9	7	5
3	7	9	8	2	5	6	1	4

Super-Hard#73

5	4	2	7	8	3	1	6	9
3	1	9	2	5	6	8	4	7
7	6	8	9	4	1	5	2	3
8	9	1	6	7	5	2	3	4
4	2	7	8	3	9	6	5	1
6	3	5	4	1	2	7	9	8
2	7	3	5	9	8	4	1	6
9	5	4	1	6	7	3	8	2
1	8	6	3	2	4	9	7	5

Super-Hard#74

2	7	6	5	9	3	4	8	1
9	3	8	4	1	7	2	5	6
5	4	1	6	8	2	7	9	3
4	1	9	2	5	6	8	3	7
3	8	2	1	7	9	5	6	4
7	6	5	3	4	8	1	2	9
6	9	7	8	2	4	3	1	5
8	5	3	7	6	1	9	4	2
1	2	4	9	3	5	6	7	8

Super-Hard#75

1	6	7	8	2	3	4	9	5
8	3	9	6	4	5	7	1	2
2	4	5	9	1	7	3	8	6
7	5	2	3	8	1	6	4	9
3	1	4	5	6	9	8	2	7
9	8	6	2	7	4	1	5	3
4	9	1	7	3	2	5	6	8
5	7	8	1	9	6	2	3	4
6	2	3	4	5	8	9	7	1

Super-Hard#76

5	6	3	9	4	1	8	7	2
2	9	8	7	3	6	1	4	5
4	7	1	2	8	5	9	6	3
7	8	4	5	2	9	6	3	1
9	3	6	8	1	4	2	5	7
1	2	5	6	7	3	4	9	8
6	1	7	3	9	2	5	8	4
8	4	9	1	5	7	3	2	6
3	5	2	4	6	8	7	1	9

Super-Hard#77

4	5	2	1	3	8	6	9	7
6	8	9	5	7	4	3	2	1
1	7	3	6	2	9	5	4	8
5	1	7	2	6	3	4	8	9
3	4	6	8	9	7	2	1	5
2	9	8	4	5	1	7	6	3
7	6	4	9	1	5	8	3	2
9	2	5	3	8	6	1	7	4
8	3	1	7	4	2	9	5	6

Super-Hard#78

9	1	2	5	8	3	6	7	4
7	8	6	4	1	9	2	3	5
5	3	4	6	7	2	1	9	8
8	2	3	1	4	5	9	6	7
4	6	9	7	2	8	3	5	1
1	7	5	9	3	6	8	4	2
2	9	7	8	6	4	5	1	3
6	4	8	3	5	1	7	2	9
3	5	1	2	9	7	4	8	6

Super-Hard#79

9	2	7	4	1	3	5	8	6
8	6	1	5	7	9	3	2	4
4	3	5	2	6	8	7	1	9
7	9	6	8	2	4	1	3	5
5	8	4	1	3	7	6	9	2
2	1	3	9	5	6	4	7	8
3	7	8	6	4	2	9	5	1
6	5	9	3	8	1	2	4	7
1	4	2	7	9	5	8	6	3

Super-Hard#80

2	5	8	7	6	4	9	1	3
9	6	7	1	3	8	2	4	5
1	4	3	2	5	9	6	8	7
8	9	6	3	1	5	4	7	2
3	2	1	6	4	7	8	5	9
5	7	4	8	9	2	3	6	1
6	8	9	5	7	3	1	2	4
7	3	2	4	8	1	5	9	6
4	1	5	9	2	6	7	3	8

Jigsaw Easy#1

5	4	9	3	2	7	6	8	1
8	9	6	1	5	2	7	3	4
1	6	8	7	9	4	5	2	3
3	7	4	8	1	5	9	6	2
2	5	3	4	6	1	8	9	7
9	3	2	6	7	8	1	4	5
4	1	5	9	3	6	2	7	8
7	8	1	2	4	9	3	5	6
6	2	7	5	8	3	4	1	9

Jigsaw Easy#2

3	1	9	5	6	7	8	2	4
2	9	5	7	4	8	6	1	3
1	4	7	9	8	2	5	3	6
9	6	8	1	5	3	7	4	2
8	5	4	3	2	6	1	9	7
6	3	1	2	7	9	4	5	8
4	2	6	8	3	5	9	7	1
7	8	2	4	9	1	3	6	5
5	7	3	6	1	4	2	8	9

Jigsaw Easy#3

4	8	2	1	7	5	3	9	6
9	6	3	4	2	7	8	1	5
8	2	7	9	5	3	6	4	1
3	9	6	5	8	1	4	7	2
5	1	4	6	9	2	7	3	8
6	3	8	7	1	9	5	2	4
1	4	9	8	3	6	2	5	7
7	5	1	2	4	8	9	6	3
2	7	5	3	6	4	1	8	9

Jigsaw Easy#4

9	3	4	1	5	6	7	2	8
2	6	5	7	8	1	3	4	9
4	7	2	9	3	5	1	8	6
6	5	1	8	7	9	2	3	4
8	9	3	6	2	7	4	1	5
5	8	7	3	1	4	9	6	2
1	2	8	4	9	3	6	5	7
3	4	9	2	6	8	5	7	1
7	1	6	5	4	2	8	9	3

Jigsaw Easy#5

3	1	5	6	7	2	4	8	9
7	9	8	4	6	5	3	1	2
4	2	1	3	8	9	7	5	6
1	6	3	8	5	7	9	2	4
2	5	7	9	4	8	1	6	3
5	3	4	1	9	6	2	7	8
6	8	9	7	2	3	5	4	1
9	7	6	2	1	4	8	3	5
8	4	2	5	3	1	6	9	7

Jigsaw Easy#6

7	8	9	1	3	4	2	5	6
1	2	6	5	4	8	3	9	7
2	9	5	3	6	1	7	4	8
6	4	7	8	5	3	1	2	9
3	7	1	2	8	9	5	6	4
8	6	4	7	1	2	9	3	5
9	3	8	6	7	5	4	1	2
4	5	3	9	2	6	8	7	1
5	1	2	4	9	7	6	8	3

Jigsaw Easy#7

5	7	3	9	1	2	4	6	8
3	1	2	5	7	6	9	8	4
1	8	7	4	6	9	3	5	2
9	4	6	8	3	5	2	1	7
8	2	1	6	5	3	7	4	9
6	9	5	2	4	7	8	3	1
4	3	9	7	8	1	6	2	5
7	6	4	1	2	8	5	9	3
2	5	8	3	9	4	1	7	6

Jigsaw Easy#8

8	3	1	6	5	7	2	9	4
5	6	2	1	8	4	9	7	3
1	7	6	9	4	2	3	5	8
2	4	9	7	6	3	5	8	1
9	8	5	3	7	1	4	2	6
4	9	7	8	1	5	6	3	2
7	1	3	2	9	6	8	4	5
3	5	8	4	2	9	1	6	7
6	2	4	5	3	8	7	1	9

9x9

Jigsaw Easy#9

5	1	3	7	2	6	8	4	9
7	5	4	9	3	1	6	8	2
3	6	2	1	8	9	4	7	5
1	8	9	5	6	3	7	2	4
6	9	7	4	5	2	1	3	8
2	4	5	3	1	8	9	6	7
4	3	6	8	9	7	2	5	1
8	2	1	6	7	4	5	9	3
9	7	8	2	4	5	3	1	6

Jigsaw Easy#10

5	9	4	6	1	8	7	2	3
2	6	7	9	3	5	1	4	8
8	3	1	4	5	9	2	7	6
7	8	3	1	9	4	5	6	2
1	7	2	5	6	3	8	9	4
4	5	6	3	8	2	9	1	7
6	2	9	8	4	7	3	5	1
9	1	8	2	7	6	4	3	5
3	4	5	7	2	1	6	8	9

Jigsaw Easy#11

6	9	3	5	2	4	1	7	8
2	4	7	8	1	5	3	9	6
9	8	2	4	7	1	5	6	3
1	5	8	7	6	3	2	4	9
3	6	1	9	8	7	4	5	2
4	3	9	6	5	2	8	1	7
7	1	5	2	9	8	6	3	4
8	7	4	1	3	6	9	2	5
5	2	6	3	4	9	7	8	1

Jigsaw Easy#12

4	2	9	5	7	1	3	6	8
9	8	6	3	4	7	2	1	5
8	4	7	1	6	9	5	3	2
3	5	4	6	2	8	1	7	9
5	1	8	9	3	2	7	4	6
1	6	3	2	9	4	8	5	7
2	9	1	7	5	3	6	8	4
6	7	2	8	1	5	4	9	3
7	3	5	4	8	6	9	2	1

Jigsaw Easy#13

7	5	2	6	3	9	8	1	4
9	2	7	1	8	3	4	6	5
3	1	5	4	9	2	7	8	6
6	3	4	8	1	5	9	2	7
4	8	6	5	7	1	2	9	3
1	6	3	9	2	7	5	4	8
5	4	9	3	6	8	1	7	2
8	7	1	2	4	6	3	5	9
2	9	8	7	5	4	6	3	1

Jigsaw Easy#14

9	3	7	2	4	6	8	5	1
8	4	2	1	5	7	3	6	9
1	8	9	6	7	4	5	3	2
7	1	3	5	6	9	2	8	4
3	9	6	4	2	5	7	1	8
4	5	8	3	9	1	6	2	7
2	6	1	7	8	3	9	4	5
6	7	5	8	1	2	4	9	3
5	2	4	9	3	8	1	7	6

9x9

Jigsaw Easy#15

6	1	3	7	8	4	9	5	2
8	2	1	5	9	7	4	6	3
5	4	6	9	1	3	2	8	7
3	7	4	8	5	2	6	1	9
9	5	7	2	4	6	8	3	1
4	3	9	1	6	8	7	2	5
1	8	2	4	3	9	5	7	6
2	9	5	6	7	1	3	4	8
7	6	8	3	2	5	1	9	4

Jigsaw Easy#16

6	2	9	8	4	5	1	7	3
1	5	3	2	9	7	8	6	4
8	7	4	6	1	3	5	9	2
9	6	8	3	2	4	7	1	5
7	3	2	4	8	6	9	5	1
3	1	5	7	6	8	2	4	9
5	4	1	9	7	2	6	3	8
4	8	7	1	5	9	3	2	6
2	9	6	5	3	1	4	8	7

Jigsaw Medium#1

4	6	3	9	8	1	2	5	7
8	3	9	1	2	7	5	4	6
5	9	7	2	1	8	3	6	4
3	1	4	5	7	2	6	9	8
7	2	6	8	5	4	1	3	9
2	7	1	3	4	6	9	8	5
6	5	8	4	9	3	7	1	2
9	4	2	6	3	5	8	7	1
1	8	5	7	6	9	4	2	3

Jigsaw Medium#2

9	3	1	8	6	2	5	7	4
5	6	7	2	4	3	8	9	1
3	5	8	4	7	6	9	1	2
8	1	6	7	2	5	3	4	9
2	4	9	6	3	8	1	5	7
7	2	4	1	5	9	6	8	3
4	7	3	9	8	1	2	6	5
1	8	2	5	9	7	4	3	6
6	9	5	3	1	4	7	2	8

Jigsaw Medium#3

9	8	2	6	4	5	7	1	3
3	4	5	7	8	9	6	2	1
1	5	7	4	3	6	9	8	2
2	9	6	8	7	1	5	3	4
5	6	3	1	9	2	4	7	8
8	7	4	9	1	3	2	6	5
6	3	1	5	2	7	8	4	9
7	2	8	3	5	4	1	9	6
4	1	9	2	6	8	3	5	7

Jigsaw Medium#4

4	1	3	7	9	8	5	2	6
5	3	4	2	1	7	6	8	9
8	7	6	1	3	9	4	5	2
6	2	5	9	4	3	8	7	1
9	5	7	8	6	1	2	3	4
2	6	1	4	7	5	3	9	8
1	9	8	3	2	6	7	4	5
3	8	2	6	5	4	9	1	7
7	4	9	5	8	2	1	6	3

9x9

Jigsaw Medium#5

9	4	3	5	7	2	6	1	8
8	6	1	2	4	7	3	9	5
3	2	9	6	1	4	5	8	7
4	1	8	7	5	6	9	3	2
5	7	2	4	9	1	8	6	3
6	8	5	1	3	9	2	7	4
2	3	7	9	6	8	4	5	1
7	5	6	8	2	3	1	4	9
1	9	4	3	8	5	7	2	6

Jigsaw Medium#6

9	4	5	8	2	1	6	7	3
6	8	3	5	4	7	9	1	2
2	1	9	6	7	3	5	4	8
7	5	8	3	1	4	2	9	6
3	6	7	4	9	2	8	5	1
1	2	4	9	5	6	3	8	7
5	9	6	7	3	8	1	2	4
4	3	1	2	8	9	7	6	5
8	7	2	1	6	5	4	3	9

Jigsaw Medium#7

2	5	3	7	6	8	9	1	4
5	7	9	8	4	3	1	6	2
1	9	2	3	8	6	4	5	7
3	6	7	4	1	2	8	9	5
6	4	8	2	7	9	5	3	1
4	3	1	5	9	7	6	2	8
9	8	6	1	5	4	2	7	3
7	1	4	6	2	5	3	8	9
8	2	5	9	3	1	7	4	6

Jigsaw Medium#8

4	2	8	9	3	7	6	5	1
3	9	7	6	4	5	2	1	8
1	6	5	7	8	4	9	3	2
6	8	2	1	9	3	5	7	4
5	7	9	4	1	2	8	6	3
7	5	3	8	2	6	1	4	9
2	3	1	5	7	9	4	8	6
9	1	4	3	6	8	7	2	5
8	4	6	2	5	1	3	9	7

Jigsaw Medium#9

8	4	1	5	3	6	7	9	2
1	6	2	7	9	8	3	4	5
5	9	4	3	6	7	2	8	1
9	1	5	8	4	3	6	2	7
2	3	8	6	7	9	1	5	4
7	2	9	1	5	4	8	3	6
3	8	7	4	1	2	5	6	9
6	7	3	9	2	5	4	1	8
4	5	6	2	8	1	9	7	3

Jigsaw Medium#10

4	9	1	5	8	7	2	3	6
6	5	7	2	3	4	9	1	8
8	1	6	3	4	2	7	9	5
3	8	4	7	9	1	5	6	2
5	2	9	1	7	6	4	8	3
2	3	5	8	6	9	1	7	4
9	6	2	4	1	8	3	5	7
7	4	8	9	5	3	6	2	1
1	7	3	6	2	5	8	4	9

9x9

Jigsaw Medium#11

3	7	4	1	8	2	6	9	5
5	6	1	2	9	8	3	7	4
7	8	9	3	5	1	4	6	2
6	4	2	9	7	3	8	5	1
1	9	7	8	2	6	5	4	3
9	2	3	5	1	4	7	8	6
4	5	8	6	3	9	1	2	7
8	1	5	4	6	7	2	3	9
2	3	6	7	4	5	9	1	8

Jigsaw Medium#12

8	3	5	2	9	1	4	7	6
6	9	8	5	2	4	7	3	1
1	7	9	3	4	6	8	5	2
2	4	1	6	7	3	9	8	5
7	2	4	9	5	8	1	6	3
3	5	6	1	8	7	2	9	4
4	8	3	7	6	2	5	1	9
9	6	2	8	1	5	3	4	7
5	1	7	4	3	9	6	2	8

Jigsaw Medium#13

6	1	3	7	5	8	9	4	2
2	5	9	4	8	6	7	1	3
3	2	7	8	6	4	1	9	5
1	7	6	9	4	2	3	5	8
8	9	4	5	1	3	6	2	7
5	8	1	2	3	9	4	7	6
4	6	2	3	7	1	5	8	9
7	4	8	6	9	5	2	3	1
9	3	5	1	2	7	8	6	4

Jigsaw Medium#14

3	7	5	2	9	4	6	1	8
5	9	6	1	4	3	8	7	2
6	4	9	8	2	7	1	5	3
7	2	3	5	8	1	9	6	4
1	8	4	9	3	5	7	2	6
8	1	7	3	6	2	5	4	9
2	6	1	4	5	9	3	8	7
9	5	2	6	7	8	4	3	1
4	3	8	7	1	6	2	9	5

Jigsaw Medium#15

7	3	4	5	1	2	6	9	8
2	9	6	1	3	8	7	5	4
9	8	5	7	2	4	1	6	3
6	4	1	3	8	5	9	2	7
3	2	8	6	5	7	4	1	9
8	5	9	4	6	3	2	7	1
4	1	7	8	9	6	5	3	2
1	6	3	2	7	9	8	4	5
5	7	2	9	4	1	3	8	6

Jigsaw Medium#16

8	4	9	3	2	1	5	7	6
6	7	2	4	8	3	1	9	5
3	9	5	1	7	6	8	2	4
1	6	8	2	9	4	7	5	3
5	2	1	8	3	7	6	4	9
7	3	6	5	1	9	4	8	2
9	5	4	7	6	2	3	1	8
4	1	3	9	5	8	2	6	7
2	8	7	6	4	5	9	3	1

9x9

Jigsaw Hard#1

3	5	1	9	6	2	8	4	7
7	8	2	4	3	5	9	6	1
6	4	9	8	1	3	7	5	2
2	7	4	5	9	1	6	3	8
8	3	7	1	2	6	4	9	5
9	1	6	2	5	8	3	7	4
5	2	3	6	4	7	1	8	9
4	6	5	7	8	9	2	1	3
1	9	8	3	7	4	5	2	6

Jigsaw Hard#2

4	8	5	9	6	1	7	3	2
7	1	8	3	4	9	2	5	6
5	4	2	6	1	8	3	9	7
2	6	9	7	3	5	8	4	1
1	7	3	5	9	2	4	6	8
8	9	6	4	2	7	5	1	3
9	3	7	1	8	4	6	2	5
6	2	4	8	5	3	1	7	9
3	5	1	2	7	6	9	8	4

Jigsaw Hard#3

8	2	3	9	4	7	5	6	1
6	4	5	7	1	3	8	9	2
4	1	6	5	2	9	7	3	8
3	7	1	8	6	2	9	5	4
5	9	8	2	7	4	6	1	3
9	6	2	3	8	5	1	4	7
1	3	7	4	5	6	2	8	9
2	5	4	1	9	8	3	7	6
7	8	9	6	3	1	4	2	5

Jigsaw Hard#4

5	3	9	8	4	6	2	7	1
1	7	6	3	9	8	4	5	2
2	4	8	7	1	3	9	6	5
9	8	1	5	2	4	7	3	6
6	5	7	2	3	1	8	9	4
3	6	2	1	8	7	5	4	9
7	9	3	4	5	2	6	1	8
8	1	4	9	6	5	3	2	7
4	2	5	6	7	9	1	8	3

Jigsaw Hard#5

3	7	6	2	4	5	8	1	9
1	5	4	8	9	6	3	7	2
9	8	1	7	2	3	6	4	5
4	9	5	3	7	1	2	6	8
6	3	2	9	5	4	1	8	7
7	1	8	6	3	9	5	2	4
2	6	3	4	8	7	9	5	1
5	2	7	1	6	8	4	9	3
8	4	9	5	1	2	7	3	6

Jigsaw Hard#6

9	5	3	4	8	7	1	2	6
2	7	6	3	5	1	9	4	8
7	6	1	9	2	8	3	5	4
3	1	7	8	4	9	2	6	5
1	9	4	5	3	2	6	8	7
6	2	8	1	7	5	4	9	3
4	8	5	2	9	6	7	3	1
5	3	9	6	1	4	8	7	2
8	4	2	7	6	3	5	1	9

9x9

Jigsaw Hard#7

6	3	2	4	1	9	5	7	8
3	8	5	6	7	4	1	2	9
7	5	1	8	9	3	2	4	6
4	2	9	1	6	7	8	5	3
5	4	3	9	8	6	7	1	2
1	7	8	3	2	5	9	6	4
8	1	6	7	4	2	3	9	5
2	9	4	5	3	1	6	8	7
9	6	7	2	5	8	4	3	1

Jigsaw Hard#8

2	7	9	5	6	4	8	3	1
8	1	3	9	2	5	7	6	4
7	3	1	2	8	6	4	9	5
4	9	8	6	5	1	3	7	2
6	5	2	7	3	8	1	4	9
1	8	7	4	9	3	5	2	6
3	6	4	8	1	2	9	5	7
9	2	5	1	4	7	6	8	3
5	4	6	3	7	9	2	1	8

Jigsaw Hard#9

5	2	1	9	6	8	7	3	4
3	4	8	7	9	6	2	1	5
7	3	4	2	1	5	6	9	8
1	6	3	5	2	4	9	8	7
9	5	6	8	7	3	1	4	2
8	9	7	1	4	2	3	5	6
4	8	2	6	3	1	5	7	9
2	1	9	4	5	7	8	6	3
6	7	5	3	8	9	4	2	1

Jigsaw Hard#10

3	5	7	6	4	1	8	2	9
1	3	4	2	9	8	5	6	7
6	9	5	8	1	7	2	4	3
5	4	6	1	2	3	7	9	8
8	2	1	4	7	9	3	5	6
7	8	3	9	6	2	4	1	5
9	7	2	3	5	4	6	8	1
2	1	8	5	3	6	9	7	4
4	6	9	7	8	5	1	3	2

Jigsaw Hard#11

8	1	7	2	3	6	5	4	9
9	4	5	6	1	8	2	3	7
4	7	3	9	5	2	6	8	1
7	6	2	3	9	1	8	5	4
2	5	6	1	4	7	3	9	8
3	9	8	5	2	4	7	1	6
6	8	1	4	7	5	9	2	3
5	3	4	7	8	9	1	6	2
1	2	9	8	6	3	4	7	5

Jigsaw Hard#12

7	4	2	3	9	6	8	1	5
5	1	6	8	4	9	7	2	3
6	8	4	1	3	2	5	7	9
9	3	1	5	6	4	2	8	7
2	9	8	7	1	3	6	5	4
3	7	5	2	8	1	4	9	6
8	6	9	4	7	5	1	3	2
4	2	7	9	5	8	3	6	1
1	5	3	6	2	7	9	4	8

9x9

Jigsaw Hard#13

2	5	4	1	7	3	9	6	8
1	8	5	2	4	6	7	9	3
3	7	8	6	9	4	1	2	5
7	3	6	9	2	5	8	1	4
5	4	2	7	8	1	6	3	9
8	1	9	3	6	7	5	4	2
9	6	7	4	5	2	3	8	1
6	2	3	8	1	9	4	5	7
4	9	1	5	3	8	2	7	6

Jigsaw Hard#14

9	2	5	7	3	1	8	4	6
8	3	1	4	6	7	9	2	5
2	8	4	5	7	3	6	1	9
6	7	3	1	2	9	4	5	8
4	6	8	9	1	5	3	7	2
1	9	7	6	5	4	2	8	3
3	5	2	8	4	6	1	9	7
5	4	9	3	8	2	7	6	1
7	1	6	2	9	8	5	3	4

Jigsaw Hard#15

1	3	2	6	4	5	7	9	8
7	5	8	9	3	1	4	2	6
6	9	5	8	7	4	2	3	1
2	4	1	3	9	6	5	8	7
3	2	4	1	6	7	8	5	9
9	8	7	5	2	3	6	1	4
5	7	3	4	1	8	9	6	2
8	6	9	7	5	2	1	4	3
4	1	6	2	8	9	3	7	5

Jigsaw Hard#16

5	1	9	4	8	6	3	7	2
4	8	3	1	2	9	7	5	6
1	2	6	9	7	8	5	3	4
8	3	7	6	5	4	2	9	1
3	7	2	5	6	1	8	4	9
2	4	8	3	9	7	6	1	5
6	9	5	7	4	3	1	2	8
7	6	4	2	1	5	9	8	3
9	5	1	8	3	2	4	6	7

Jigsaw Super-Hard#1

6	4	5	8	3	1	2	9	7
1	2	9	4	7	6	8	3	5
7	6	3	9	2	5	1	4	8
9	1	8	3	5	4	6	7	2
2	8	7	6	4	9	3	5	1
3	5	1	2	8	7	4	6	9
8	7	4	1	9	3	5	2	6
5	3	2	7	6	8	9	1	4
4	9	6	5	1	2	7	8	3

Jigsaw Super-Hard#2

6	1	8	5	7	9	3	4	2
3	4	5	6	8	7	2	9	1
2	9	7	8	6	3	1	5	4
4	7	6	1	2	5	9	8	3
1	5	2	9	3	8	4	7	6
9	8	3	2	5	4	6	1	7
5	3	1	7	4	2	8	6	9
7	6	4	3	9	1	5	2	8
8	2	9	4	1	6	7	3	5

Jigsaw Super-Hard#3

8	2	1	5	9	3	4	7	6
4	3	2	8	1	7	6	5	9
7	6	9	3	5	8	2	1	4
9	7	8	6	4	1	3	2	5
3	4	5	9	8	2	1	6	7
5	1	6	2	7	4	9	3	8
2	9	3	4	6	5	7	8	1
6	8	7	1	2	9	5	4	3
1	5	4	7	3	6	8	9	2

Jigsaw Super-Hard#4

9	5	1	2	7	4	6	3	8
4	9	3	1	5	7	2	8	6
1	4	5	3	8	6	9	7	2
7	6	8	4	9	2	1	5	3
2	8	7	6	3	1	4	9	5
3	1	6	7	4	5	8	2	9
6	3	2	9	1	8	5	4	7
8	7	4	5	2	9	3	6	1
5	2	9	8	6	3	7	1	4

Jigsaw Super-Hard#5

9	4	1	2	6	3	5	7	8
2	6	3	1	5	7	4	8	9
8	3	5	6	9	4	1	2	7
7	9	6	8	4	1	2	5	3
5	2	4	7	8	9	3	1	6
1	8	7	3	2	5	6	9	4
6	5	8	4	7	2	9	3	1
4	1	2	9	3	8	7	6	5
3	7	9	5	1	6	8	4	2

Jigsaw Super-Hard#6

4	7	8	1	6	3	5	9	2
2	5	9	3	4	1	8	7	6
9	6	1	4	7	5	3	2	8
3	8	5	7	2	6	1	4	9
8	2	3	9	5	4	7	6	1
1	3	7	2	8	9	6	5	4
5	4	6	8	3	2	9	1	7
6	9	4	5	1	7	2	8	3
7	1	2	6	9	8	4	3	5

Jigsaw Super-Hard#7

3	5	1	6	4	7	8	9	2
4	7	9	5	3	6	2	1	8
2	6	8	4	5	1	9	3	7
1	2	7	3	9	8	4	6	5
9	8	2	7	6	4	3	5	1
6	3	4	8	7	5	1	2	9
7	9	5	1	2	3	6	8	4
8	4	6	9	1	2	5	7	3
5	1	3	2	8	9	7	4	6

Jigsaw Super-Hard#8

6	7	5	3	1	8	4	2	9
8	3	1	7	6	4	2	9	5
4	2	9	5	8	7	1	3	6
2	6	4	8	9	5	7	1	3
3	1	8	6	7	2	9	5	4
7	9	2	1	5	6	3	4	8
5	4	7	2	3	9	6	8	1
1	8	6	9	4	3	5	7	2
9	5	3	4	2	1	8	6	7

9x9

Jigsaw Super-Hard#9

7	5	3	1	2	9	6	4	8
1	4	9	8	6	2	3	7	5
5	8	6	3	1	7	4	9	2
2	7	4	9	8	3	5	1	6
4	6	5	2	7	1	8	3	9
3	9	8	4	5	6	1	2	7
9	2	1	6	3	5	7	8	4
8	3	7	5	9	4	2	6	1
6	1	2	7	4	8	9	5	3

Jigsaw Super-Hard#10

5	7	3	9	2	1	4	8	6
4	2	1	6	7	9	5	3	8
8	6	9	3	5	2	1	4	7
9	4	2	1	8	7	6	5	3
6	1	7	8	3	5	9	2	4
3	8	5	7	4	6	2	9	1
1	3	4	5	9	8	7	6	2
7	9	8	2	6	4	3	1	5
2	5	6	4	1	3	8	7	9

Jigsaw Super-Hard#11

7	6	9	4	1	2	3	5	8
4	5	8	3	2	6	9	7	1
8	2	3	7	5	9	1	6	4
1	9	5	6	4	7	8	2	3
3	8	1	2	6	4	7	9	5
2	7	6	5	8	3	4	1	9
9	4	7	1	3	5	6	8	2
5	1	4	9	7	8	2	3	6
6	3	2	8	9	1	5	4	7

Jigsaw Super-Hard#12

5	2	1	8	6	7	9	3	4
7	8	9	2	3	6	4	1	5
6	5	3	4	7	9	1	2	8
4	9	7	1	2	3	8	5	6
9	7	4	5	1	8	3	6	2
2	6	5	3	8	4	7	9	1
8	1	2	7	9	5	6	4	3
1	3	6	9	4	2	5	8	7
3	4	8	6	5	1	2	7	9

Jigsaw Super-Hard#13

1	2	8	7	3	5	9	4	6
8	6	2	4	5	9	7	1	3
9	3	4	5	7	6	1	8	2
6	9	3	8	4	1	2	5	7
7	4	5	1	6	3	8	2	9
5	8	7	2	9	4	3	6	1
3	1	6	9	8	2	5	7	4
2	7	9	6	1	8	4	3	5
4	5	1	3	2	7	6	9	8

Jigsaw Super-Hard#14

8	1	6	2	9	7	4	5	3
5	9	2	3	7	4	1	6	8
7	2	4	9	5	6	8	3	1
2	6	8	1	3	5	9	4	7
6	3	7	4	8	9	5	1	2
4	7	9	5	1	8	3	2	6
3	8	1	6	4	2	7	9	5
9	5	3	8	6	1	2	7	4
1	4	5	7	2	3	6	8	9

9x9

Jigsaw Super-Hard#15

3	6	8	5	4	9	7	1	2
2	5	9	8	7	1	6	3	4
9	3	1	6	2	5	4	7	8
6	4	3	7	1	8	9	2	5
5	8	6	2	3	7	1	4	9
1	9	5	3	6	4	2	8	7
8	1	7	4	9	2	5	6	3
7	2	4	1	5	3	8	9	6
4	7	2	9	8	6	3	5	1

Jigsaw Super-Hard#16

6	9	2	4	3	5	7	8	1
8	7	1	3	9	6	5	4	2
1	6	8	7	4	2	3	9	5
9	1	5	8	7	3	4	2	6
7	4	6	2	5	1	9	3	8
2	8	9	5	1	4	6	7	3
5	3	4	6	2	7	8	1	9
4	2	3	9	6	8	1	5	7
3	5	7	1	8	9	2	6	4

Easy#1

5	9	6	8	10	2	1	7	4	3
7	3	1	2	4	10	6	5	9	8
1	5	2	6	8	4	10	3	7	9
9	10	7	4	3	8	5	1	2	6
4	1	5	3	2	9	8	6	10	7
6	8	9	10	7	3	4	2	5	1
10	7	8	5	6	1	2	9	3	4
3	2	4	1	9	5	7	8	6	10
2	6	10	9	1	7	3	4	8	5
8	4	3	7	5	6	9	10	1	2

Easy#2

9	6	10	3	1	8	7	5	2	4
8	7	5	4	2	6	1	10	3	9
3	4	8	1	10	2	9	6	5	7
5	9	7	2	6	4	3	1	8	10
1	10	6	7	3	9	5	8	4	2
4	2	9	5	8	1	10	7	6	3
6	8	3	9	7	10	4	2	1	5
2	1	4	10	5	7	6	3	9	8
7	3	1	8	4	5	2	9	10	6
10	5	2	6	9	3	8	4	7	1

Easy#3

4	5	3	6	9	10	1	7	2	8
8	2	10	7	1	6	3	5	4	9
3	6	9	1	7	5	2	4	8	10
2	4	5	10	8	1	6	9	3	7
6	1	4	5	3	9	8	10	7	2
9	8	7	2	10	3	5	6	1	4
1	9	2	3	5	4	7	8	10	6
7	10	6	8	4	2	9	1	5	3
5	3	8	4	6	7	10	2	9	1
10	7	1	9	2	8	4	3	6	5

Easy#4

4	10	1	3	2	5	6	8	7	9
8	7	6	5	9	3	4	10	2	1
6	9	5	7	8	2	1	3	10	4
1	2	10	4	3	6	7	9	8	5
3	8	4	2	6	10	9	1	5	7
10	5	7	9	1	4	8	2	6	3
2	1	9	10	4	7	5	6	3	8
7	6	3	8	5	9	10	4	1	2
5	4	2	1	10	8	3	7	9	6
9	3	8	6	7	1	2	5	4	10

Easy#5

9	7	8	6	1	2	3	5	10	4
4	3	5	10	2	8	7	9	1	6
7	2	4	5	9	10	8	6	3	1
1	8	6	3	10	4	9	2	7	5
6	4	10	8	7	5	1	3	2	9
2	9	3	1	5	6	4	10	8	7
8	10	2	7	6	9	5	1	4	3
5	1	9	4	3	7	10	8	6	2
10	5	1	2	4	3	6	7	9	8
3	6	7	9	8	1	2	4	5	10

Medium#1

2	5	6	1	9	10	3	4	8	7
8	4	7	3	10	5	9	1	6	2
10	7	4	5	3	6	1	2	9	8
6	2	1	9	8	7	10	5	3	4
4	8	3	6	1	2	7	10	5	9
5	9	10	7	2	4	8	6	1	3
9	3	2	4	6	1	5	8	7	10
1	10	5	8	7	3	4	9	2	6
3	6	8	10	5	9	2	7	4	1
7	1	9	2	4	8	6	3	10	5

Medium#2

8	4	2	1	3	9	6	7	10	5
9	6	10	7	5	1	3	4	2	8
3	2	9	8	6	4	1	10	5	7
10	1	4	5	7	6	9	8	3	2
5	3	8	2	4	10	7	1	6	9
7	9	1	6	10	2	4	5	8	3
2	5	6	9	1	7	8	3	4	10
4	10	7	3	8	5	2	9	1	6
1	7	3	10	2	8	5	6	9	4
6	8	5	4	9	3	10	2	7	1

Medium#3

6	10	5	4	1	3	8	9	7	2
7	8	9	2	3	10	1	6	4	5
4	7	2	10	8	9	3	5	6	1
5	1	3	6	9	2	7	4	8	10
8	9	4	5	6	1	2	7	10	3
2	3	7	1	10	5	6	8	9	4
9	2	10	7	4	6	5	3	1	8
1	6	8	3	5	4	9	10	2	7
10	5	6	8	2	7	4	1	3	9
3	4	1	9	7	8	10	2	5	6

10x10

Medium#4

3	5	8	6	9	7	2	10	4	1
4	2	10	7	1	6	8	9	3	5
7	1	5	3	2	10	9	6	8	4
6	8	9	10	4	5	3	2	1	7
1	9	6	8	7	3	10	4	5	2
5	4	3	2	10	1	6	8	7	9
2	10	7	1	3	8	4	5	9	6
8	6	4	9	5	2	7	1	10	3
10	3	1	4	6	9	5	7	2	8
9	7	2	5	8	4	1	3	6	10

Medium#5

8	1	6	3	4	5	10	2	9	7
7	10	2	5	9	3	1	4	8	6
5	9	10	1	6	4	8	7	3	2
2	7	4	8	3	1	5	6	10	9
4	8	3	7	5	10	2	9	6	1
6	2	9	10	1	7	3	5	4	8
3	4	1	9	8	2	6	10	7	5
10	6	5	2	7	9	4	8	1	3
9	3	8	4	2	6	7	1	5	10
1	5	7	6	10	8	9	3	2	4

Hard#1

1	5	2	9	6	8	7	4	10	3
4	8	10	3	7	5	9	6	1	2
8	7	6	4	9	2	10	1	3	5
2	1	5	10	3	7	4	8	9	6
5	9	7	6	2	10	8	3	4	1
3	10	4	1	8	9	6	5	2	7
6	4	9	2	1	3	5	10	7	8
10	3	8	7	5	1	2	9	6	4
7	6	3	8	10	4	1	2	5	9
9	2	1	5	4	6	3	7	8	10

Hard#2

2	10	7	5	4	8	6	9	3	1
3	6	8	9	1	7	4	10	2	5
5	4	3	6	9	1	7	2	10	8
1	7	10	2	8	5	9	3	4	6
10	9	4	8	5	3	1	6	7	2
7	3	6	1	2	10	8	4	5	9
4	8	2	7	3	9	5	1	6	10
9	1	5	10	6	4	2	7	8	3
6	5	9	3	7	2	10	8	1	4
8	2	1	4	10	6	3	5	9	7

Hard#3

5	3	9	8	4	1	6	7	10	2
10	6	1	7	2	9	3	4	5	8
4	7	6	1	3	8	5	9	2	10
8	5	10	2	9	7	1	6	3	4
9	10	7	6	1	2	4	5	8	3
2	4	8	3	5	6	7	10	9	1
3	9	4	10	8	5	2	1	6	7
6	1	2	5	7	3	10	8	4	9
1	8	3	4	6	10	9	2	7	5
7	2	5	9	10	4	8	3	1	6

Hard#4

4	3	2	1	8	7	10	6	9	5
6	10	5	7	9	3	8	4	1	2
9	1	7	5	6	10	2	3	8	4
10	8	4	3	2	9	1	7	5	6
1	6	3	9	4	2	5	10	7	8
2	5	10	8	7	6	4	9	3	1
5	9	1	2	10	4	3	8	6	7
8	7	6	4	3	5	9	1	2	10
7	2	9	10	1	8	6	5	4	3
3	4	8	6	5	1	7	2	10	9

Hard#5

6	10	7	5	9	2	1	8	4	3
3	8	2	1	4	7	10	5	6	9
8	9	3	4	1	5	6	10	7	2
7	2	5	10	6	9	4	3	8	1
9	6	4	2	10	3	7	1	5	8
1	5	8	3	7	6	2	4	9	10
10	7	1	8	2	4	5	9	3	6
5	4	9	6	3	1	8	2	10	7
2	3	10	7	5	8	9	6	1	4
4	1	6	9	8	10	3	7	2	5

Super-Hard#1

4	3	8	2	1	10	9	7	6	5
5	9	7	6	10	4	8	1	2	3
6	10	3	5	2	1	4	8	7	9
7	4	1	9	8	2	6	3	5	10
8	7	2	4	3	5	10	6	9	1
9	5	10	1	6	8	7	4	3	2
1	8	6	7	5	3	2	9	10	4
3	2	9	10	4	7	1	5	8	6
10	1	5	8	9	6	3	2	4	7
2	6	4	3	7	9	5	10	1	8

Super-Hard#2

2	9	6	4	1	8	10	3	7	5
3	8	10	7	5	1	9	6	2	4
4	10	1	5	7	3	6	2	8	9
8	6	9	3	2	7	1	5	4	10
10	7	8	6	4	5	3	1	9	2
9	5	2	1	3	10	4	7	6	8
7	3	5	9	10	4	2	8	1	6
6	1	4	2	8	9	7	10	5	3
1	4	3	8	6	2	5	9	10	7
5	2	7	10	9	6	8	4	3	1

Super-Hard#3

5	2	10	9	6	8	7	3	4	1
3	4	7	8	1	2	6	9	10	5
10	1	9	3	8	6	4	7	5	2
2	5	4	6	7	9	1	10	8	3
4	6	8	1	9	7	3	5	2	10
7	10	5	2	3	4	8	1	9	6
1	8	2	7	10	5	9	6	3	4
9	3	6	4	5	10	2	8	1	7
6	9	1	5	4	3	10	2	7	8
8	7	3	10	2	1	5	4	6	9

Super-Hard#4

5	4	3	2	7	1	6	9	10	8
6	1	10	9	8	7	2	3	4	5
2	9	5	8	10	4	3	1	6	7
7	6	1	4	3	5	9	10	8	2
4	5	7	1	9	3	10	8	2	6
8	3	2	10	6	9	7	5	1	4
3	10	6	7	1	8	4	2	5	9
9	2	8	5	4	10	1	6	7	3
1	8	4	3	2	6	5	7	9	10
10	7	9	6	5	2	8	4	3	1

Super-Hard#5

7	5	4	9	1	3	6	10	2	8
3	2	6	10	8	4	7	9	1	5
9	8	5	3	6	10	4	1	7	2
1	7	2	4	10	6	8	5	3	9
2	1	7	5	4	8	10	3	9	6
8	10	9	6	3	1	5	2	4	7
4	9	10	8	2	7	1	6	5	3
6	3	1	7	5	9	2	4	8	10
10	4	3	2	7	5	9	8	6	1
5	6	8	1	9	2	3	7	10	4

Jigsaw Easy#1

7	4	3	6	1	9	2	5	10	8
2	8	5	1	4	7	6	10	9	3
6	10	9	3	7	4	8	2	5	1
10	9	8	5	2	3	1	6	7	4
9	2	7	4	3	10	5	1	8	6
4	5	1	10	6	8	7	9	3	2
8	3	6	2	9	5	4	7	1	10
1	7	2	9	8	6	10	3	4	5
3	1	10	8	5	2	9	4	6	7
5	6	4	7	10	1	3	8	2	9

Jigsaw Easy#2

2	7	1	6	5	10	9	8	3	4
5	9	8	3	4	6	10	7	2	1
4	1	3	9	2	8	7	10	5	6
10	6	2	5	3	1	4	9	8	7
7	8	10	4	9	2	5	6	1	3
6	4	9	2	8	7	1	3	10	5
1	5	7	8	10	3	2	4	6	9
3	10	6	1	7	9	8	5	4	2
8	3	4	7	1	5	6	2	9	10
9	2	5	10	6	4	3	1	7	8

Jigsaw Easy#3

5	9	8	7	4	2	1	6	10	3
1	6	2	8	3	9	10	5	4	7
10	4	7	3	1	6	8	2	9	5
3	10	4	9	2	7	5	8	6	1
8	7	5	1	6	3	4	9	2	10
4	1	6	2	10	5	9	3	7	8
2	5	9	6	7	8	3	10	1	4
9	3	1	4	5	10	2	7	8	6
6	2	3	10	8	4	7	1	5	9
7	8	10	5	9	1	6	4	3	2

Jigsaw Easy#4

8	6	2	9	10	3	5	4	7	1
4	5	1	7	3	6	9	2	10	8
10	1	7	4	2	8	3	6	9	5
5	8	9	6	4	10	2	3	1	7
7	4	3	2	9	5	1	10	8	6
6	2	10	5	1	7	8	9	4	3
9	3	8	10	6	1	4	7	5	2
3	7	6	8	5	9	10	1	2	4
2	10	5	1	7	4	6	8	3	9
1	9	4	3	8	2	7	5	6	10

10x10

Jigsaw Medium#1

3	5	10	6	7	8	9	4	2	1
6	7	4	2	3	5	8	1	9	10
10	9	8	1	2	7	6	5	4	3
1	8	5	9	10	4	3	2	6	7
9	1	3	5	6	2	7	8	10	4
2	10	6	8	4	9	1	7	3	5
4	6	7	10	1	3	5	9	8	2
7	3	2	4	9	1	10	6	5	8
5	4	1	3	8	6	2	10	7	9
8	2	9	7	5	10	4	3	1	6

Jigsaw Medium#2

2	4	9	5	8	6	3	10	1	7
1	3	6	8	7	10	5	2	4	9
6	9	1	3	2	4	8	7	10	5
3	2	10	7	9	5	1	8	6	4
4	5	8	10	3	2	6	9	7	1
7	8	5	6	1	9	10	4	3	2
10	1	4	2	5	8	7	6	9	3
9	6	7	4	10	3	2	1	5	8
5	10	2	1	4	7	9	3	8	6
8	7	3	9	6	1	4	5	2	10

Jigsaw Medium#3

8	1	10	7	3	2	6	4	5	9
9	6	3	8	7	5	1	10	4	2
4	2	5	6	10	1	9	3	7	8
3	5	7	1	4	9	2	8	10	6
10	9	4	2	8	6	5	7	3	1
7	3	2	10	9	8	4	1	6	5
5	8	6	4	1	7	10	9	2	3
1	4	8	5	6	3	7	2	9	10
2	10	9	3	5	4	8	6	1	7
6	7	1	9	2	10	3	5	8	4

Jigsaw Medium#4

10	7	9	2	6	5	1	4	8	3
6	5	2	3	9	10	7	8	1	4
4	8	1	6	10	9	5	3	2	7
3	4	8	1	2	7	6	9	10	5
8	1	4	5	7	3	2	10	6	9
5	3	7	4	8	1	10	2	9	6
2	10	6	9	3	8	4	5	7	1
9	6	10	7	5	4	8	1	3	2
7	9	5	8	1	2	3	6	4	10
1	2	3	10	4	6	9	7	5	8

10x10

Jigsaw Hard#1

9	5	8	6	2	7	3	10	1	4
2	3	4	9	8	1	5	7	10	6
10	7	6	1	9	5	4	8	2	3
6	2	7	10	3	4	8	1	5	9
4	1	5	8	6	10	2	9	3	7
1	8	9	2	7	3	10	6	4	5
7	4	3	5	10	6	1	2	9	8
5	6	10	3	1	8	9	4	7	2
3	10	2	7	4	9	6	5	8	1
8	9	1	4	5	2	7	3	6	10

Jigsaw Hard#2

1	4	9	2	5	3	7	10	8	6
8	6	5	10	2	4	3	9	7	1
3	10	7	9	6	8	1	5	4	2
9	7	2	1	4	10	8	6	3	5
4	3	1	6	7	5	9	2	10	8
10	5	3	8	9	6	2	4	1	7
5	1	8	7	10	2	4	3	6	9
7	2	6	4	8	9	10	1	5	3
2	8	10	5	3	1	6	7	9	4
6	9	4	3	1	7	5	8	2	10

Jigsaw Hard#3

4	7	3	1	9	2	8	5	10	6
6	5	10	4	7	8	2	9	1	3
2	9	8	10	6	3	1	7	5	4
5	1	7	8	3	4	6	10	2	9
3	10	2	5	1	9	4	6	8	7
8	6	9	2	4	7	5	1	3	10
9	2	4	7	5	1	10	3	6	8
10	4	1	3	2	6	7	8	9	5
7	8	6	9	10	5	3	2	4	1
1	3	5	6	8	10	9	4	7	2

Jigsaw Hard#4

2	4	1	3	6	5	9	10	7	8
7	6	9	1	8	4	2	5	10	3
5	7	3	8	2	10	1	6	9	4
6	2	10	5	3	8	4	9	1	7
4	9	8	10	1	3	7	2	6	5
3	1	5	6	7	9	10	4	8	2
8	10	6	2	4	7	5	1	3	9
1	8	7	4	9	2	6	3	5	10
10	3	2	9	5	6	8	7	4	1
9	5	4	7	10	1	3	8	2	6

10x10

Jigsaw Super-Hard#1

8	9	5	3	10	7	4	1	2	6
4	10	3	8	9	2	5	6	7	1
7	1	2	9	6	3	10	8	5	4
1	8	6	2	3	5	7	4	9	10
10	4	7	5	2	1	6	3	8	9
2	5	8	6	7	4	9	10	1	3
9	7	4	10	1	8	3	5	6	2
6	3	9	1	5	10	8	2	4	7
5	2	10	7	4	6	1	9	3	8
3	6	1	4	8	9	2	7	10	5

Jigsaw Super-Hard#2

2	1	4	3	5	7	10	8	6	9
10	9	1	5	6	2	8	3	4	7
3	4	7	6	10	1	9	2	5	8
1	5	8	2	7	9	3	6	10	4
5	2	10	9	4	8	6	7	3	1
7	3	6	4	8	5	1	10	9	2
6	8	9	7	3	10	2	4	1	5
8	6	5	1	2	3	4	9	7	10
4	7	2	10	9	6	5	1	8	3
9	10	3	8	1	4	7	5	2	6

Jigsaw Super-Hard#3

2	3	8	4	9	7	6	10	5	1
1	10	5	7	6	3	4	9	2	8
3	4	2	5	1	8	9	7	6	10
8	1	9	2	7	5	10	3	4	6
9	7	4	6	3	2	1	8	10	5
6	5	10	8	4	9	2	1	3	7
7	6	1	3	5	10	8	2	9	4
10	2	6	9	8	1	5	4	7	3
4	8	3	10	2	6	7	5	1	9
5	9	7	1	10	4	3	6	8	2

Jigsaw Super-Hard#4

3	2	4	8	9	1	10	5	6	7
7	10	3	1	6	5	4	2	8	9
4	6	8	2	7	9	1	3	10	5
10	5	2	7	3	6	9	8	1	4
5	9	1	4	10	8	7	6	2	3
8	7	5	9	1	10	6	4	3	2
6	3	10	5	2	7	8	9	4	1
2	8	9	6	4	3	5	1	7	10
1	4	6	10	5	2	3	7	9	8
9	1	7	3	8	4	2	10	5	6

10x10

4	8	12	1	3	6	5	7	10	2	9	11
10	3	11	6	12	9	1	2	8	5	4	7
7	5	9	2	11	4	10	8	12	6	1	3
6	1	5	3	8	11	7	9	4	12	10	2
12	11	2	10	1	3	6	4	9	7	5	8
9	4	8	7	10	12	2	5	11	1	3	6
11	9	10	8	5	2	3	1	6	4	7	12
3	6	4	12	9	7	8	11	1	10	2	5
1	2	7	5	4	10	12	6	3	8	11	9
8	10	3	9	2	5	4	12	7	11	6	1
5	12	6	11	7	1	9	10	2	3	8	4
2	7	1	4	6	8	11	3	5	9	12	10

Easy#1

1	2	3	9	4	7	6	5	12	10	8	11
11	12	6	7	1	10	8	3	2	4	5	9
5	8	4	10	2	9	11	12	7	3	1	6
12	7	10	5	3	1	4	11	8	6	9	2
3	1	8	6	7	5	2	9	10	12	11	4
4	9	2	11	6	8	12	10	5	7	3	1
2	11	1	3	9	12	7	4	6	5	10	8
8	5	9	4	10	11	3	6	1	2	12	7
10	6	7	12	5	2	1	8	9	11	4	3
7	10	5	8	11	4	9	2	3	1	6	12
9	3	11	1	12	6	5	7	4	8	2	10
6	4	12	2	8	3	10	1	11	9	7	5

Easy#2

<u>12x12</u>

Easy#3

6	10	4	11	12	9	5	1	7	2	3	8
9	3	2	5	11	4	7	8	1	12	6	10
1	7	8	12	3	10	2	6	4	11	5	9
2	9	11	4	1	3	8	10	6	5	12	7
7	8	1	10	6	5	12	2	3	4	9	11
3	5	12	6	4	7	9	11	2	10	8	1
11	2	9	3	7	12	10	4	8	6	1	5
10	4	7	1	5	8	6	3	11	9	2	12
5	12	6	8	2	1	11	9	10	7	4	3
12	1	3	2	10	11	4	5	9	8	7	6
8	6	10	7	9	2	1	12	5	3	11	4
4	11	5	9	8	6	3	7	12	1	10	2

Easy#4

4	11	8	12	10	2	1	5	6	3	9	7
2	5	3	6	11	8	7	9	1	4	10	12
1	7	10	9	3	4	6	12	8	2	5	11
6	1	7	3	4	11	9	2	10	5	12	8
11	12	9	2	5	1	8	10	7	6	3	4
10	8	5	4	6	3	12	7	2	11	1	9
3	10	6	8	12	5	4	1	11	9	7	2
12	9	2	5	7	10	11	8	3	1	4	6
7	4	11	1	9	6	2	3	12	10	8	5
8	3	1	7	2	9	5	6	4	12	11	10
9	2	12	11	1	7	10	4	5	8	6	3
5	6	4	10	8	12	3	11	9	7	2	1

5	2	9	11	12	4	6	1	7	10	8	3
7	4	6	12	10	8	11	3	1	2	5	9
10	3	1	8	5	7	9	2	6	11	12	4
1	6	12	10	7	2	3	8	5	9	4	11
2	11	8	7	9	12	4	5	10	3	1	6
3	9	4	5	6	11	1	10	12	8	7	2
6	12	10	9	11	5	8	4	2	7	3	1
8	7	3	4	1	10	2	12	9	6	11	5
11	1	5	2	3	9	7	6	4	12	10	8
9	5	7	1	2	3	12	11	8	4	6	10
4	10	2	3	8	6	5	7	11	1	9	12
12	8	11	6	4	1	10	9	3	5	2	7

Medium#1

1	10	5	4	7	11	9	12	6	2	3	8
3	12	11	9	2	8	1	6	4	5	7	10
6	8	2	7	5	3	10	4	12	9	11	1
2	5	3	10	12	4	6	9	8	11	1	7
11	9	6	8	3	7	5	1	2	4	10	12
7	4	12	1	10	2	11	8	9	3	5	6
5	2	10	3	6	1	4	11	7	12	8	9
8	11	4	12	9	10	7	5	1	6	2	3
9	7	1	6	8	12	2	3	11	10	4	5
4	1	7	5	11	6	12	10	3	8	9	2
10	6	8	11	1	9	3	2	5	7	12	4
12	3	9	2	4	5	8	7	10	1	6	11

Medium#2

12x12

Medium#3

5	1	8	4	10	11	6	3	2	7	9	12
9	11	3	6	2	7	12	5	10	1	8	4
12	7	2	10	8	9	1	4	6	11	5	3
6	8	4	2	11	1	5	10	7	3	12	9
11	12	5	1	4	3	9	7	8	6	10	2
3	10	7	9	6	12	8	2	11	4	1	5
7	3	1	12	9	2	10	11	4	5	6	8
4	9	6	11	5	8	7	1	12	2	3	10
2	5	10	8	3	6	4	12	1	9	11	7
1	4	9	7	12	5	11	8	3	10	2	6
10	2	12	5	1	4	3	6	9	8	7	11
8	6	11	3	7	10	2	9	5	12	4	1

Medium#4

3	11	9	5	4	10	8	2	1	12	6	7
10	2	4	7	1	12	9	6	11	8	3	5
6	1	8	12	7	5	3	11	9	2	4	10
4	10	11	1	8	6	5	9	7	3	12	2
5	3	12	6	2	4	11	7	10	9	8	1
9	8	7	2	10	1	12	3	4	11	5	6
1	12	3	8	5	7	6	10	2	4	11	9
7	9	5	4	3	11	2	8	6	10	1	12
11	6	2	10	12	9	4	1	3	5	7	8
8	4	10	9	6	3	1	12	5	7	2	11
2	7	1	3	11	8	10	5	12	6	9	4
12	5	6	11	9	2	7	4	8	1	10	3

2	6	5	10	4	8	1	9	7	12	11	3
4	11	7	9	5	12	3	6	8	10	1	2
1	8	3	12	7	11	10	2	6	5	4	9
3	9	10	1	12	2	8	5	11	7	6	4
5	12	2	4	6	7	9	11	1	3	10	8
8	7	6	11	10	1	4	3	5	9	2	12
11	2	12	8	1	5	6	10	3	4	9	7
9	5	4	7	11	3	2	8	10	1	12	6
6	10	1	3	9	4	12	7	2	11	8	5
7	4	9	2	8	10	5	1	12	6	3	11
12	1	8	5	3	6	11	4	9	2	7	10
10	3	11	6	2	9	7	12	4	8	5	1

Hard#1

3	11	5	4	12	6	7	2	8	1	10	9
6	1	10	12	9	8	5	3	2	7	11	4
9	7	8	2	10	1	11	4	6	3	12	5
7	6	2	11	4	10	12	8	5	9	1	3
8	12	3	9	1	5	6	7	11	10	4	2
1	5	4	10	3	2	9	11	12	8	7	6
12	3	11	5	7	9	2	1	4	6	8	10
2	4	1	6	8	11	10	5	3	12	9	7
10	9	7	8	6	3	4	12	1	5	2	11
11	8	9	7	2	12	3	6	10	4	5	1
5	10	6	1	11	4	8	9	7	2	3	12
4	2	12	3	5	7	1	10	9	11	6	8

Hard#2

12x12

Hard#3

3	5	4	9	12	2	8	1	7	10	6	11
2	6	7	10	11	3	5	9	1	12	4	8
11	12	8	1	10	4	6	7	2	3	5	9
5	1	3	4	7	11	2	6	10	8	9	12
12	7	10	6	9	1	4	8	5	11	2	3
9	8	2	11	3	10	12	5	6	4	7	1
7	11	12	5	1	8	3	2	9	6	10	4
4	10	9	3	5	6	7	12	8	1	11	2
1	2	6	8	4	9	11	10	3	5	12	7
8	9	1	7	6	12	10	11	4	2	3	5
10	3	5	12	2	7	1	4	11	9	8	6
6	4	11	2	8	5	9	3	12	7	1	10

Hard#4

8	4	1	12	5	9	6	11	10	3	2	7
2	5	6	3	10	8	7	4	1	11	12	9
10	9	7	11	1	3	2	12	5	6	4	8
9	7	4	8	2	12	11	1	6	10	5	3
1	3	10	6	8	5	4	7	12	2	9	11
11	2	12	5	9	10	3	6	8	4	7	1
7	10	8	2	12	4	9	5	11	1	3	6
6	12	5	4	11	1	10	3	7	9	8	2
3	1	11	9	7	6	8	2	4	5	10	12
12	8	9	1	3	11	5	10	2	7	6	4
4	11	2	10	6	7	12	9	3	8	1	5
5	6	3	7	4	2	1	8	9	12	11	10

12x12

Super-Hard#1

9	5	1	8	10	7	2	11	6	4	3	12
10	3	2	12	4	6	5	8	9	7	1	11
4	7	11	6	3	9	1	12	2	10	5	8
7	11	9	3	1	8	4	5	12	2	6	10
6	8	5	4	12	10	9	2	7	1	11	3
1	2	12	10	7	11	6	3	4	9	8	5
5	4	10	9	2	1	8	6	11	3	12	7
11	12	3	7	9	5	10	4	1	8	2	6
2	6	8	1	11	12	3	7	10	5	9	4
3	10	7	5	6	2	11	9	8	12	4	1
12	9	4	11	8	3	7	1	5	6	10	2
8	1	6	2	5	4	12	10	3	11	7	9

Super-Hard#2

5	4	11	3	8	6	10	7	12	9	1	2
8	7	2	1	11	4	9	12	5	6	3	10
12	9	10	6	3	1	5	2	11	7	8	4
2	11	6	7	12	8	1	4	3	10	5	9
9	8	3	5	10	11	2	6	4	1	12	7
10	1	4	12	9	3	7	5	8	2	6	11
11	5	8	9	6	10	4	3	2	12	7	1
3	12	1	10	2	7	8	9	6	4	11	5
6	2	7	4	5	12	11	1	10	8	9	3
7	3	9	11	4	2	12	8	1	5	10	6
1	6	12	2	7	5	3	10	9	11	4	8
4	10	5	8	1	9	6	11	7	3	2	12

<u>12x12</u>

Super-Hard#3

12	8	4	5	2	6	1	10	9	3	7	11
3	7	11	2	4	9	8	12	10	1	5	6
10	6	1	9	7	11	3	5	4	12	8	2
4	1	8	6	5	2	7	9	11	10	3	12
7	11	2	3	10	1	12	8	6	5	4	9
9	5	12	10	11	3	4	6	7	8	2	1
5	3	10	11	1	8	9	4	2	6	12	7
2	4	6	1	12	7	5	11	3	9	10	8
8	9	7	12	3	10	6	2	1	4	11	5
11	2	5	4	6	12	10	1	8	7	9	3
6	10	9	7	8	5	11	3	12	2	1	4
1	12	3	8	9	4	2	7	5	11	6	10

Super-Hard#4

2	9	5	7	3	11	8	4	6	10	12	1
6	8	12	1	2	10	7	5	3	11	9	4
4	3	10	11	6	1	12	9	8	5	7	2
8	12	2	9	7	6	3	11	10	4	1	5
10	4	11	3	5	9	1	12	2	8	6	7
7	6	1	5	8	2	4	10	11	9	3	12
1	10	4	2	12	7	11	8	9	6	5	3
9	5	8	12	4	3	2	6	1	7	11	10
3	11	7	6	10	5	9	1	4	12	2	8
12	2	9	4	1	8	6	7	5	3	10	11
5	1	6	8	11	12	10	3	7	2	4	9
11	7	3	10	9	4	5	2	12	1	8	6

12x12

Jigsaw Easy#1

1	9	8	2	7	12	6	11	3	10	5	4
2	10	12	5	4	8	7	3	1	9	6	11
7	6	4	11	5	3	12	9	8	2	10	1
6	3	7	4	1	10	8	2	11	5	9	12
8	5	9	12	11	2	10	1	6	4	3	7
4	12	10	6	2	1	9	8	5	11	7	3
11	7	2	9	3	4	5	12	10	1	8	6
5	1	3	8	9	11	2	7	12	6	4	10
12	11	6	7	8	5	4	10	2	3	1	9
9	8	1	3	10	7	11	6	4	12	2	5
10	2	5	1	12	6	3	4	9	7	11	8
3	4	11	10	6	9	1	5	7	8	12	2

Jigsaw Easy#2

2	3	4	7	11	1	9	6	10	5	8	12
1	12	10	6	8	5	3	11	4	2	9	7
7	8	5	11	12	9	2	3	6	10	4	1
6	5	1	4	10	11	8	9	7	12	3	2
3	7	2	9	6	8	12	5	1	4	10	11
9	4	8	10	3	6	1	7	12	11	2	5
10	11	12	8	1	2	6	4	5	3	7	9
12	2	9	5	4	7	11	10	3	1	6	8
8	10	7	12	2	3	4	1	11	9	5	6
11	9	3	2	7	10	5	12	8	6	1	4
4	1	6	3	5	12	7	2	9	8	11	10
5	6	11	1	9	4	10	8	2	7	12	3

12x12

Jigsaw
Medium#1

10	4	12	3	11	8	7	5	1	6	9	2
8	11	1	5	9	10	3	12	4	2	7	6
3	7	9	11	6	2	8	10	5	1	12	4
6	2	5	1	12	7	9	4	11	3	8	10
4	10	8	7	3	1	6	9	12	11	2	5
12	6	10	9	7	4	2	1	3	8	5	11
9	1	3	8	2	5	11	7	10	4	6	12
11	5	6	2	4	12	1	3	7	9	10	8
5	8	4	6	10	9	12	11	2	7	3	1
7	3	11	10	5	6	4	2	8	12	1	9
1	12	2	4	8	3	5	6	9	10	11	7
2	9	7	12	1	11	10	8	6	5	4	3

Jigsaw
Medium#2

8	7	3	9	4	5	2	6	12	1	11	10
11	10	5	12	1	2	6	3	8	7	9	4
12	8	2	5	6	11	9	10	7	4	3	1
3	12	6	7	11	1	4	2	10	8	5	9
4	9	11	8	10	7	3	1	6	12	2	5
1	5	10	4	9	6	11	8	2	3	12	7
7	2	1	3	12	4	10	5	9	11	8	6
2	3	7	6	8	9	12	4	1	5	10	11
6	4	12	2	3	10	7	11	5	9	1	8
5	11	8	10	7	12	1	9	4	2	6	3
10	1	9	11	2	8	5	7	3	6	4	12
9	6	4	1	5	3	8	12	11	10	7	2

12x12

11	9	1	6	4	3	5	10	7	8	2	12
2	6	10	5	8	7	9	12	11	4	3	1
12	2	3	7	1	8	6	4	10	9	5	11
4	5	8	12	7	2	1	9	3	6	11	10
10	12	4	9	3	11	7	6	1	5	8	2
3	7	2	10	6	12	8	11	5	1	9	4
5	11	9	1	10	4	3	2	8	12	6	7
6	1	5	4	11	9	2	8	12	10	7	3
9	8	7	2	12	5	11	1	4	3	10	6
1	3	11	8	5	10	12	7	6	2	4	9
8	10	6	11	2	1	4	3	9	7	12	5
7	4	12	3	9	6	10	5	2	11	1	8

Jigsaw Hard#1

10	9	6	3	8	7	2	4	5	1	11	12
11	12	2	4	1	5	9	7	6	10	8	3
5	1	7	10	12	11	8	3	4	6	9	2
3	2	4	6	5	1	12	8	11	9	10	7
6	5	8	9	3	10	1	2	12	7	4	11
7	11	10	2	9	6	4	5	8	3	12	1
9	8	12	7	11	4	10	1	3	2	5	6
1	4	3	5	2	8	6	11	9	12	7	10
2	6	9	11	4	3	7	12	10	5	1	8
8	10	5	1	7	12	11	6	2	4	3	9
4	7	11	12	10	2	3	9	1	8	6	5
12	3	1	8	6	9	5	10	7	11	2	4

Jigsaw Hard#2

12x12

Jigsaw
Super-Hard#1

8	12	10	2	5	7	1	3	11	4	9	6
7	3	5	4	2	9	6	10	1	8	11	12
6	1	11	5	9	8	12	4	10	7	3	2
11	4	12	8	6	1	3	2	5	9	7	10
2	9	1	10	7	11	5	6	4	3	12	8
9	8	4	12	3	2	7	1	6	11	10	5
3	7	6	11	10	4	9	12	8	2	5	1
10	2	8	1	12	3	4	9	7	5	6	11
1	5	9	6	8	10	11	7	3	12	2	4
5	11	3	7	4	12	10	8	2	6	1	9
12	6	2	3	1	5	8	11	9	10	4	7
4	10	7	9	11	6	2	5	12	1	8	3

Jigsaw
Super-Hard#2

6	5	8	11	12	7	2	1	9	3	10	4
4	2	1	10	9	6	5	11	12	8	7	3
8	10	6	3	7	11	12	4	1	2	9	5
2	4	12	7	1	3	10	8	11	5	6	9
11	3	5	8	6	2	9	10	4	12	1	7
1	7	9	12	10	5	4	2	8	11	3	6
7	12	10	2	3	4	1	9	5	6	11	8
9	6	11	5	4	12	8	7	3	1	2	10
3	9	2	6	8	1	11	5	10	7	4	12
5	8	7	4	11	9	3	6	2	10	12	1
12	11	4	1	5	10	7	3	6	9	8	2
10	1	3	9	2	8	6	12	7	4	5	11

12x12

13	3	5	1	8	15	4	11	2	14	9	7	6	12	10
10	14	11	15	2	12	7	1	6	9	13	8	3	5	4
9	7	6	12	4	5	8	13	3	10	15	2	1	14	11
2	10	13	14	12	4	3	5	15	1	7	6	11	8	9
4	9	3	11	6	10	2	14	8	7	12	5	15	13	1
8	15	7	5	1	13	12	6	9	11	2	14	10	4	3
12	4	15	2	13	3	5	10	14	8	1	11	9	6	7
1	5	10	8	9	11	13	2	7	6	3	4	14	15	12
3	6	14	7	11	9	15	4	1	12	8	10	5	2	13
6	1	4	9	5	8	14	12	10	13	11	15	7	3	2
14	11	2	3	10	1	6	7	4	15	5	13	12	9	8
7	8	12	13	15	2	9	3	11	5	14	1	4	10	6
15	13	8	10	14	7	11	9	12	4	6	3	2	1	5
11	12	1	6	3	14	10	8	5	2	4	9	13	7	15
5	2	9	4	7	6	1	15	13	3	10	12	8	11	14

Easy#1

14	11	12	1	15	3	8	2	4	9	6	5	7	13	10
7	8	4	5	9	13	6	1	10	12	3	14	2	15	11
3	6	2	10	13	7	5	11	14	15	9	4	8	12	1
8	2	7	12	3	6	10	9	1	5	11	15	13	14	4
1	15	9	13	6	14	11	3	2	4	5	8	12	10	7
4	5	14	11	10	8	12	15	13	7	2	1	9	3	6
15	4	10	3	12	2	9	13	11	8	14	7	6	1	5
5	14	1	7	11	4	15	10	12	6	8	9	3	2	13
13	9	8	6	2	5	1	14	7	3	10	12	4	11	15
2	3	5	14	7	12	4	6	15	13	1	10	11	8	9
6	12	11	4	1	9	14	5	8	10	13	3	15	7	2
10	13	15	9	8	11	2	7	3	1	12	6	5	4	14
9	1	3	8	14	15	13	4	5	2	7	11	10	6	12
11	7	6	2	4	10	3	12	9	14	15	13	1	5	8
12	10	13	15	5	1	7	8	6	11	4	2	14	9	3

Easy#2

15x15

Medium#1

10	13	14	7	9	11	1	12	6	2	15	4	3	5	8
3	2	15	4	5	9	10	13	8	7	12	6	1	11	14
6	1	11	12	8	4	5	3	14	15	9	2	10	13	7
13	4	3	8	12	2	14	6	15	9	1	10	11	7	5
1	5	2	14	6	7	12	10	3	11	13	9	15	8	4
7	11	9	15	10	1	8	5	13	4	2	12	14	6	3
11	9	6	10	1	14	7	15	12	13	3	8	5	4	2
12	3	8	2	13	5	4	9	10	6	14	15	7	1	11
4	15	7	5	14	3	2	11	1	8	10	13	6	12	9
8	6	13	9	7	12	3	1	11	10	4	5	2	14	15
15	10	5	11	4	8	6	2	9	14	7	1	13	3	12
14	12	1	3	2	13	15	7	4	5	8	11	9	10	6
2	7	4	13	3	15	11	8	5	1	6	14	12	9	10
9	14	12	6	11	10	13	4	2	3	5	7	8	15	1
5	8	10	1	15	6	9	14	7	12	11	3	4	2	13

Medium#2

14	6	10	13	2	8	15	3	7	4	12	1	5	11	9
4	12	1	5	8	13	6	9	10	11	7	15	14	2	3
9	15	3	11	7	2	12	5	14	1	13	4	10	6	8
15	4	14	6	3	7	2	8	5	13	9	11	1	10	12
8	11	9	12	13	1	14	6	3	10	2	5	7	4	15
2	5	7	1	10	15	9	11	4	12	14	8	6	3	13
7	2	8	4	6	11	10	1	15	3	5	9	13	12	14
11	14	12	3	5	9	13	2	8	7	4	6	15	1	10
13	9	15	10	1	4	5	14	12	6	3	7	2	8	11
1	13	2	8	11	3	7	10	9	15	6	14	12	5	4
3	10	6	14	9	12	11	4	1	5	15	2	8	13	7
12	7	5	15	4	6	8	13	2	14	10	3	11	9	1
6	8	11	2	12	14	4	7	13	9	1	10	3	15	5
5	1	4	7	15	10	3	12	11	2	8	13	9	14	6
10	3	13	9	14	5	1	15	6	8	11	12	4	7	2

<u>**15x15**</u>

Hard#1

2	10	15	14	12	13	3	1	7	11	5	9	6	4	8
9	6	1	3	8	15	4	2	12	5	13	10	11	14	7
11	7	13	5	4	9	6	8	10	14	15	3	1	2	12
15	11	14	4	6	10	8	7	5	1	9	2	13	12	3
5	12	9	8	2	6	13	3	11	4	14	1	7	15	10
10	1	7	13	3	14	9	15	2	12	8	6	4	5	11
6	15	8	7	5	12	11	13	4	10	1	14	2	3	9
3	4	11	10	1	5	2	9	14	7	6	8	12	13	15
14	2	12	9	13	8	15	6	1	3	11	7	5	10	4
7	13	5	12	15	2	1	10	3	9	4	11	8	6	14
4	8	2	11	9	7	14	5	15	6	10	12	3	1	13
1	14	3	6	10	4	12	11	8	13	7	5	15	9	2
8	9	4	15	14	1	7	12	6	2	3	13	10	11	5
12	3	10	1	7	11	5	14	13	15	2	4	9	8	6
13	5	6	2	11	3	10	4	9	8	12	15	14	7	1

Hard#2

9	7	13	6	12	14	11	8	15	3	10	2	5	1	4
2	5	1	10	14	9	4	7	12	6	3	13	15	11	8
3	15	11	4	8	5	2	10	13	1	7	6	14	9	12
6	2	12	14	11	3	8	15	7	5	9	4	13	10	1
13	9	10	15	3	12	1	6	4	14	11	5	2	8	7
8	4	7	5	1	13	10	9	2	11	14	12	3	15	6
15	1	4	3	7	2	9	14	11	12	13	10	8	6	5
5	12	2	8	13	6	7	3	1	10	15	11	9	4	14
10	14	9	11	6	15	13	5	8	4	12	1	7	3	2
7	11	8	12	15	4	5	1	6	13	2	9	10	14	3
4	3	14	13	5	10	12	2	9	15	1	8	6	7	11
1	10	6	2	9	7	14	11	3	8	4	15	12	5	13
11	6	15	1	2	8	3	12	10	7	5	14	4	13	9
14	8	3	9	4	1	15	13	5	2	6	7	11	12	10
12	13	5	7	10	11	6	4	14	9	8	3	1	2	15

15x15

Super-Hard#1

3	5	7	10	6	12	15	4	13	9	14	1	11	2	8
4	14	8	13	1	2	6	7	11	3	5	9	12	15	10
12	9	15	11	2	5	10	14	1	8	6	3	7	13	4
11	6	5	3	7	15	13	9	2	4	12	10	14	8	1
2	10	14	1	8	7	12	3	5	11	9	4	15	6	13
9	13	4	12	15	10	14	8	6	1	3	7	5	11	2
15	4	11	9	12	6	2	5	3	13	7	8	1	10	14
13	8	6	5	3	1	11	10	7	14	4	15	2	12	9
7	1	10	2	14	8	4	15	9	12	11	6	13	3	5
5	3	1	8	11	4	9	12	15	2	10	13	6	14	7
10	2	13	15	4	3	7	1	14	6	8	11	9	5	12
6	7	12	14	9	11	5	13	8	10	1	2	3	4	15
1	11	9	6	5	14	8	2	4	15	13	12	10	7	3
8	15	3	7	10	13	1	6	12	5	2	14	4	9	11
14	12	2	4	13	9	3	11	10	7	15	5	8	1	6

Super-Hard#2

1	8	11	3	5	7	10	12	15	13	14	4	9	6	2
7	10	14	6	13	11	9	2	4	8	12	1	3	5	15
15	2	9	4	12	14	3	6	1	5	7	11	10	8	13
6	14	1	7	2	12	4	10	9	15	3	5	13	11	8
12	13	15	5	9	1	14	8	11	3	4	10	6	2	7
10	4	8	11	3	5	13	7	6	2	15	14	12	9	1
14	15	12	10	6	13	2	4	5	11	9	8	7	1	3
13	1	2	9	4	8	6	3	7	14	5	15	11	10	12
5	3	7	8	11	10	1	15	12	9	6	13	2	4	14
4	9	3	12	10	15	5	11	2	1	13	7	8	14	6
8	6	13	15	1	4	7	14	3	10	2	9	5	12	11
11	7	5	2	14	6	8	9	13	12	10	3	1	15	4
9	5	6	13	7	2	15	1	8	4	11	12	14	3	10
2	11	4	14	8	3	12	5	10	7	1	6	15	13	9
3	12	10	1	15	9	11	13	14	6	8	2	4	7	5

15x15

2	9	15	1	8	5	11	6	14	16	7	12	10	4	3	13
14	12	6	16	4	7	3	9	1	13	10	5	15	2	8	11
5	4	11	8	15	16	13	10	3	9	2	6	12	1	14	7
13	7	10	3	2	1	14	12	4	11	15	8	5	9	16	6
16	2	5	10	14	8	12	3	11	6	13	15	4	7	1	9
11	1	12	7	5	2	15	16	9	4	3	10	13	14	6	8
15	6	14	9	10	13	4	7	8	5	16	1	11	12	2	3
3	13	8	4	1	6	9	11	12	2	14	7	16	5	15	10
6	11	9	2	12	15	10	13	5	7	1	16	3	8	4	14
7	16	13	14	9	3	1	2	10	15	8	4	6	11	5	12
10	5	3	15	6	11	8	4	2	14	12	9	7	16	13	1
4	8	1	12	16	14	7	5	6	3	11	13	9	15	10	2
12	15	16	11	13	10	5	1	7	8	6	2	14	3	9	4
9	3	2	6	7	12	16	8	15	10	4	14	1	13	11	5
1	10	4	13	3	9	2	14	16	12	5	11	8	6	7	15
8	14	7	5	11	4	6	15	13	1	9	3	2	10	12	16

Easy#1

14	5	10	8	11	13	12	4	9	3	15	16	6	1	2	7
13	3	7	6	8	9	1	2	11	14	12	5	15	16	10	4
2	4	1	16	5	15	14	3	8	7	10	6	11	13	9	12
15	11	9	12	6	10	7	16	2	13	1	4	8	14	3	5
11	13	4	1	10	16	8	5	14	2	3	15	7	6	12	9
8	7	5	10	12	3	15	6	4	11	9	13	14	2	16	1
3	15	16	2	7	14	9	1	10	6	8	12	5	4	11	13
6	14	12	9	4	2	11	13	1	5	16	7	10	8	15	3
1	10	13	7	14	11	4	8	3	16	2	9	12	15	5	6
5	8	11	3	2	7	10	15	6	12	4	14	1	9	13	16
16	9	15	4	3	6	5	12	13	1	7	8	2	11	14	10
12	2	6	14	13	1	16	9	15	10	5	11	3	7	4	8
4	6	2	13	15	12	3	7	16	8	11	10	9	5	1	14
9	16	14	5	1	8	13	11	12	15	6	3	4	10	7	2
10	12	8	15	9	5	2	14	7	4	13	1	16	3	6	11
7	1	3	11	16	4	6	10	5	9	14	2	13	12	8	15

Easy#2

<u>**16x16**</u>

Medium#1

2	8	10	5	11	15	7	14	4	1	9	13	12	6	16	3
12	3	4	16	10	1	9	2	6	15	5	7	14	11	8	13
6	1	11	13	12	3	5	4	10	14	16	8	9	2	15	7
15	9	7	14	13	8	6	16	3	11	12	2	5	4	10	1
7	13	6	3	1	5	4	8	9	12	15	16	2	14	11	10
16	4	1	15	14	13	12	3	11	10	2	6	7	8	5	9
5	12	2	9	16	10	11	7	13	8	3	14	4	1	6	15
11	10	14	8	15	6	2	9	5	7	4	1	13	12	3	16
10	7	15	11	4	16	1	5	12	2	13	3	8	9	14	6
1	16	13	4	6	14	10	11	7	5	8	9	3	15	2	12
14	2	8	12	7	9	3	13	15	4	6	11	16	10	1	5
9	5	3	6	2	12	8	15	1	16	14	10	11	13	7	4
4	6	16	2	3	7	15	10	14	9	11	12	1	5	13	8
3	15	12	7	8	4	14	6	2	13	1	5	10	16	9	11
8	11	9	1	5	2	13	12	16	3	10	15	6	7	4	14
13	14	5	10	9	11	16	1	8	6	7	4	15	3	12	2

Medium#2

9	13	8	10	14	16	12	1	7	6	15	11	4	5	2	3
12	3	14	6	15	4	13	8	2	10	16	5	1	9	11	7
2	1	15	4	7	9	5	11	3	12	13	8	16	14	10	6
7	16	11	5	10	2	3	6	4	1	14	9	12	13	15	8
14	2	3	12	13	1	7	10	9	15	8	4	6	16	5	11
13	6	4	1	3	11	8	9	16	2	5	12	7	10	14	15
5	9	7	8	16	14	2	15	1	11	6	10	13	3	4	12
15	11	10	16	12	6	4	5	14	7	3	13	2	8	1	9
6	12	16	13	4	8	10	14	15	5	2	3	11	7	9	1
8	15	1	14	2	13	11	3	6	9	12	7	5	4	16	10
10	7	9	2	5	12	1	16	8	4	11	14	15	6	3	13
11	4	5	3	9	15	6	7	10	13	1	16	14	12	8	2
3	14	2	7	8	10	15	13	11	16	4	6	9	1	12	5
4	10	6	9	11	5	14	2	12	3	7	1	8	15	13	16
16	8	13	15	1	7	9	12	5	14	10	2	3	11	6	4
1	5	12	11	6	3	16	4	13	8	9	15	10	2	7	14

16x16

4	5	12	10	13	15	3	1	9	2	7	11	16	6	8	14
13	7	2	8	12	9	10	5	6	14	4	16	11	15	1	3
16	9	1	3	14	4	6	11	8	10	15	13	12	7	5	2
6	14	15	11	16	2	7	8	12	3	5	1	9	4	10	13
8	10	7	16	11	1	9	2	5	13	14	6	15	3	12	4
2	4	6	14	15	3	8	7	10	12	1	9	13	5	16	11
12	15	11	13	6	10	5	16	4	7	8	3	1	2	14	9
9	1	3	5	4	13	14	12	2	16	11	15	7	8	6	10
14	13	16	2	3	11	4	15	7	5	12	10	6	1	9	8
11	12	4	9	1	7	2	6	3	15	16	8	14	10	13	5
7	6	10	15	5	8	16	9	14	1	13	2	3	11	4	12
5	3	8	1	10	12	13	14	11	9	6	4	2	16	15	7
15	16	14	7	8	5	1	10	13	11	2	12	4	9	3	6
1	11	9	4	7	14	12	3	15	6	10	5	8	13	2	16
10	2	13	6	9	16	11	4	1	8	3	14	5	12	7	15
3	8	5	12	2	6	15	13	16	4	9	7	10	14	11	1

Hard#1

2	13	12	10	7	8	3	9	16	6	1	4	14	5	15	11
8	3	9	5	10	1	15	14	12	11	13	7	4	6	2	16
7	14	1	11	6	4	2	16	9	15	5	10	8	12	13	3
15	6	4	16	11	13	5	12	8	3	14	2	7	1	10	9
4	7	5	13	12	3	10	11	14	1	2	16	15	9	8	6
16	15	11	8	9	14	1	2	3	10	7	6	5	13	12	4
1	2	6	14	13	5	16	4	15	9	12	8	11	3	7	10
12	10	3	9	15	6	8	7	5	4	11	13	16	2	1	14
5	4	10	1	8	15	6	3	7	12	16	9	2	14	11	13
11	16	13	15	2	9	14	1	4	8	3	5	10	7	6	12
6	9	14	2	4	7	12	10	1	13	15	11	3	16	5	8
3	12	8	7	16	11	13	5	10	2	6	14	9	15	4	1
14	8	7	6	3	12	4	15	2	16	10	1	13	11	9	5
10	1	2	12	5	16	9	13	11	14	4	15	6	8	3	7
13	11	16	4	1	2	7	8	6	5	9	3	12	10	14	15
9	5	15	3	14	10	11	6	13	7	8	12	1	4	16	2

Hard#2

16x16

Super Hard#1

9	13	11	1	5	7	2	12	10	15	8	3	14	6	16	4
6	3	12	10	13	16	1	9	5	4	11	14	8	15	2	7
15	2	7	14	11	8	4	6	1	16	9	12	10	13	5	3
16	5	4	8	14	3	15	10	2	13	7	6	12	1	9	11
1	16	13	4	10	14	8	2	15	3	12	11	6	5	7	9
8	9	2	15	3	11	7	5	16	6	1	4	13	10	12	14
11	7	14	5	6	12	16	1	8	9	10	13	2	4	3	15
3	6	10	12	9	15	13	4	14	7	5	2	11	16	8	1
7	1	15	16	2	4	14	8	11	5	13	9	3	12	6	10
2	8	3	11	15	10	5	7	12	1	6	16	4	9	14	13
14	4	5	13	12	6	9	11	7	10	3	8	1	2	15	16
10	12	6	9	16	1	3	13	4	14	2	15	5	7	11	8
13	14	9	6	4	2	11	16	3	12	15	1	7	8	10	5
5	15	8	2	7	13	12	3	9	11	4	10	16	14	1	6
12	10	16	3	1	5	6	15	13	8	14	7	9	11	4	2
4	11	1	7	8	9	10	14	6	2	16	5	15	3	13	12

Super-Hard#2

9	5	16	6	13	2	4	14	12	15	1	3	10	11	8	7
8	7	3	10	16	15	9	1	5	4	11	14	6	12	2	13
2	11	13	15	8	6	3	12	7	9	16	10	5	1	4	14
12	4	1	14	7	5	10	11	8	13	2	6	15	9	16	3
7	6	5	1	15	10	11	3	9	8	12	16	4	14	13	2
11	8	10	9	1	4	14	5	15	2	7	13	3	16	12	6
3	13	15	4	2	16	12	7	14	10	6	11	9	8	5	1
14	16	2	12	9	8	6	13	4	3	5	1	7	15	10	11
6	10	7	2	3	11	15	9	13	5	14	8	12	4	1	16
5	3	14	13	10	12	16	8	11	1	4	9	2	6	7	15
1	15	9	16	14	13	2	4	6	7	10	12	8	3	11	5
4	12	8	11	5	7	1	6	2	16	3	15	14	13	9	10
10	14	6	5	12	9	8	15	1	11	13	2	16	7	3	4
15	2	12	3	4	1	13	16	10	14	8	7	11	5	6	9
13	9	11	7	6	3	5	2	16	12	15	4	1	10	14	8
16	1	4	8	11	14	7	10	3	6	9	5	13	2	15	12

16x16